Reiner Dumke

Softwareentwicklung nach Maß

Aus dem Bereich Informatik / Wirtschaftsinformatik

Programmieren in COBOL 85
Eine umfassende Einführung
von W.-M. Kähler

Einführung in die Methode des Jackson Structured Programming (JSP)
von K. Kilberth

Expertensystemwerkzeuge
Produkte · Aufbau · Auswahl
von M. v. Bechtolsheim, K. Schweichhart und U. Winand

Modernes Projektmanagement
Eine Anleitung zur effektiven Unterstützung der Planung, Durchführung und Steuerung von Projekten
von E. Wischnewski

Softwareentwicklung nach Maß
Schätzen · Messen · Bewerten
von R. Dumke

Zielorientiertes Informationsmanagement
Ein Leitfaden zum Einsatz und Nutzen des Produktionsfaktors Information
von H. Fickenscher, P. Hanke, K.-H. Kollmann

Produktivität durch Information Engineering
von D. T. Fisher

Ostdeutsche Wirtschaft im Umbruch
Computersimulation mit einem systemdynamischen Modell
von P. Fleissner und U. Ludwig

Software Engineering für Programmierer
Eine praxisgerechte Anleitung
von H. Knoth

Petri-Netze
Eine anwendungsorientierte Einführung
von B. Rosenstengel und U. Winand

Vieweg

Reiner Dumke

Softwareentwicklung nach Maß

Schätzen · Messen · Bewerten

Softcover reprint of the hardcover 1st edition 1992
Der Verlag Vieweg ist ein Unternehmen der Verlagsgruppe Bertelsmann International.

Gedruckt auf säurefreiem Papier

ISBN-13:978-3-322-83051-7 e-ISBN-13:978-3-322-83050-0
DOI: 10.1007/978-3-322-83050-0

Für meine Frau, Doris

Geleitwort

Der Begriff Software-Engineering bedeutete in den letzten 25 Jahren u. a. die Entwicklung und Bereitstellung von Methoden, um Software zu entwickeln und zu warten. Bedingt durch den Einsatz immer umfangreicherer Softwaresysteme in Bereichen, wo eine sehr hohe Zuverlässigkeit der Software gefordert wird, ist es immer mehr und mehr das Ziel, hoch qualitative, zuverlässige und wartbare Software zu erstellen. Dabei ist das Konzept des Software-Lebenszyklus ein zentraler Gegenstand der Software-Entwicklungsmethoden. Die Definition eines Software-Lebenszyklus soll helfen, den Software-Entwicklunsprozeß von der Spezifikation, über den Entwurf, der Kodierung und der Wartung von Software besser verstehen und kontrollieren zu können. Besonders wichtig ist dabei, komplizierte Software-Systeme und Module schon in frühen Phasen des Software-Entwicklungsprozesses zu erkennen. Aber trotz verschiedener Modelle des Software-Lebenszyklus, der Entwicklung neuer Sprachen und des Einsatzes von Software-Werkzeugen bei der Software-Entwicklung, werden nach Aussagen von Barry Boehm immer noch mehr als 70 % der Entwicklungskosten von Software für die Wartung der Software benötigt.
Diese Tatsache hat seit Mitte der 70-er Jahre zu einer stürmischen Entwicklung von Methoden geführt, um den Software-Entwicklungsprozeß durch den Einsatz von Software-Maßen zu messen. Als Pionierarbeit gelten die Veröffentlichungen von McCabe (1976) und Halstead (1977). Das Forschungsgebiet, welches sich mit der Messung der Eigenschaften von Software beschäftigt, wird in Deutschland mit Software-Metrie und im englischen Sprachraum mit „software metrics" bezeichnet. Software-Maße werden zur Kontrolle von Ressourcen, Prozessen, Projekten und der Produktqualität von Software eingesetzt. Ziel ist es, quantitative Aussagen über die entwickelte Software während des gesamten Software-Lebenszyklus zu erhalten. Ein weiteres Ziel ist, Software-Maße schon früh im Software-Lebenszyklus einzusetzen, um Fehlentwicklungen rechtzeitig zu erkennen und teure Wartungskosten zu vermeiden.
Obwohl das Gebiet der Software-Metrie noch eine junge und z. Z. nicht ausgereifte Wissenschaft ist, ist unbestritten, daß der Einsatz von Software-Maßen eine geeignete Methode ist, die Entwicklung von Soft-

ware im Software-Lebenszyklus zu kontrollieren und qualitativ hochwertige Software zu erstellen. Trotz dieser Teilerfolge gibt es z. Z. keine verbindlichen Regeln, welche von den hunderten von Software-Maßen für die Anwendung in der Praxis besser oder schlechter geeignet sind. Das vorliegende Buch hat zum Gegenstand die Erstellung bzw. Produktion von Software mit geeigneten Software-Maßen zu unterstützen. Der Autor gibt eine detaillierte Zusammenstellung der verschiedenen Modelle des Software-Lebenszyklus und der Anwendung von Software-Maßen in den Phasen des Software-Lebenszyklus, wie die Spezifikation, den Entwurf, die Kodierung und die Wartung. Die vorgestellte Zusammenfassung von Software-Maßen für alle Phasen des Software-Lebenszyklus fehlte bisher in der Literatur. Für den Anwender ist diese Auflistung von Software-Maße mit Anwendungsbeispielen und die ergänzende Beschreibung von Software-Werkzeugen eine sehr hilfreiche Unterstützung, um einerseits Software-Maße für seine Anwendungen auswählen zu können und um andererseits den Software-Entwicklungsprozeß besser unterstützen zu können.

Berlin, im Januar 1992 Dr. Horst Zuse

Vorwort

Die Software-Entwicklung nach möglichst exakten und allgemein anerkannten bzw. gültigen quantifizierten Angaben zu realisieren, ist nach wie vor ein angestrebtes Ziel. Bisher sind dazu nur Ansätze vorhanden, die

- die Software-Entwicklung durch i. a. geschätzte Kennzahlen beim Projektmanagement begleiten,
- konkrete Software-Messungen zumeist am Quellcode der Programme vornehmen und sie mit (ebenfalls „gemessenen") Fehler- und Aufwandsstatistiken in Korrelation setzen,
- konkrete Metriken herleiten und diese durch umfangreiche Auswertungen über konkrete Projekte bzw. Software-Bibliotheken überprüfen,
- erst einmal die eigentliche Validation derartiger Metriken betreffen und die
- immer breitere Anwendung von metrikgestützten Tools.

Anliegen dieses Buches ist es nicht, eine Patentlösung für eine „maßgeschneiderte" Software-Entwicklung zu geben, sondern erst einmal die Entwicklungsrichtungen bei der Software-Messung, der Aufstellung von Software-Kennzahlen aller Art und der zielgerichteten Anwendung aufzuzeigen.
Die ersten Abschnitte dienen dabei zunächst der Grundlegung und beschreiben wesentliche Merkmale der Software-Entwicklung (nicht vollständig und in allen Variationen, sondern nur als Grundlage für das bessere Verständnis der nachfolgenden Kapitel).
Bei der Beschreibung der Metriken konnten nur einige ausgewählt werden. Dabei wurden vor allem auch klassische Ansätze (beispielsweise für imperative Sprachen) näher erläutert, da sie eine Reihe wichtiger Grundideen für die „maßgerechte" Software-Entwicklung mit neuen Methoden und Programmiersprachparadigmen enthalten.
Für ein spezielleres Interesse – insbesondere für die Software-Metriken

– ist eine umfangreiche Literatur angegeben. Der Autor hofft, vor allem dem praktischen Bereich eine Orientierung zu geben, aber auch die noch ausstehenden Probleme aufzuzeigen, die eine unbedenkliche Anwendung „gängiger" Software-Metriken mit sich bringen kann. Als wesentlich sind daher die Ausführungen zu den Software-Maßen bzw. -Metriken hinsichtlich

- der Grundideen und Zielstellungen,
- dem Charakter des jeweiligen Wertebereichs für die Anwendung des Software-Maßes beim Vergleich oder bei der Bewertung nach bestimmten Zielkriterien sowie
- der Nachweise für die Gültigkeit des Maßes (verwendete Statistiken und Software(-Bibliotheken))

anzusehen. Hierbei sind das allgemeine Verständnis und auch die Standpunkte noch zu differenziert und weit von Standardisierungen entfernt. Andererseits soll dieses Buch noch mehr Software-Spezialisten anregen, sich an der Lösung der noch sehr umfangreichen Probleme bei einer

Software-Entwicklung nach Maß

zu beteiligen.

Mein besonderer Dank gilt Frau Jannasch, den Herren Berger, Kühnel, Schaefer, Dr. Spieß, Dr. Winkler und vor allem Dr. Zuse für die zahlreichen Anregungen und Hinweise. Außerdem möchte ich meinen Studentinnen Neumann, Stöffler und Tiedge für die Unterstützung bei der Abfassung des Manuskriptes und dem Vieweg-Verlag für die verständnisvolle Zusammenarbeit danken.

Magdeburg, im Januar 1992 Reiner Dumke

Inhaltsverzeichnis

Abbildungsverzeichnis

1 Einleitung

Die Grundlage einer *Software-Entwicklung nach Maß* sind Software-Messungen bzw. Messungen des Software-Entwicklungsprozesses selbst und werden in der sogenannten *Software-Metrie* ([129]) zusammengefaßt. Die Software-Metrie wird der *Software-Technik* bzw. dem Software Engineering zugeordnet. Dieses Fachgebiet der Informatik gliedert sich laut [184] in die Teilgebiete:

- Software-Entwicklung und -Anwendung
  - Entwicklung
    - Festlegung der Anforderungen
    - Konzeption des Software-Systems
    - Realisierung des Software-Systems
  - Anwendung des Software-Systems
- Unterstützung der Software-Entwicklung und -Anwendung
  - Software-Projektführung
  - Software-Qualitätssicherung
  - Technische Unterstützung

Im Rahmen der CR-Klassifikation ([334]) ergibt sich unmittelbar eine Einordnung als „Metrics" (D 2.8, einschließlich dem „Performance") und hinsichtlich einer Anwendung als „Software Quality Assurance (SQA)" (D 2.9 (Management)). Bei dieser Zuordnung ergeben sich für den Inhalt der Software-Metrie folgende Fragestellungen:

- In welchen Teilgebieten können Messungen erfolgen?
- Welche Zielsetzung sollten diese Messungen haben?
- Was ist dabei zu messen und was ist dabei überhaupt meßbar?
- Wie kann die Messung von Software bzw. der Software-Herstellung überhaupt erfolgen?

- Wie sind die Meßergebnisse zu interpretieren?
- In welcher Weise kann die Messung durch Tools unterstützt werden?

Eine zunächst sehr allgemein gehaltene Anwort auf einige dieser Fragen gibt Basili in [25]:

> *„If software development is to viewed as an engineering discipline, it requires a measurement component that allows us to better understand, evaluate, predict and control the software process and product."*

Die Entwicklung des *Software Measurement*, wie er das hier beschriebene Fachgebiet nennt, vollzog sich dabei in folgenden Etappen (auch nach [25]):

- zu Beginn (Mitte der 70-er Jahre) gab es einige empirische Arbeiten, deren Ausgangspunkt Datenmodelle darstellten.
- Dann wurden erste sogenannte Metriken aufgestellt (Ende der 70-er Jahre), die erstmals den Programmierungsprozeß bewerteten.
- Diese Software-Metriken wurden häufig zur Bestätigung kontrollierter Experimente benutzt (80-er Jahre).
- Seit Ende der 80-er Jahre werden viele Aspekte des Software-Erstellungsprozesses und des Software-Produktes in ihrer Beziehung zu verschiedenen Entwicklungsumgebungen betrachtet.

Zur detaillierteren Beantwortung bzw. Antwortsuche auf die o. g. Fragen soll in den folgenden Abschnitten näher auf die Ziele der Software-Messung, den Meßgegenständen, den Maßzahlen und Metriken sowie den Meßtools eingegangen werden.

2 Ziele der Software-Messung

Die *Software-Messung* als Kernstück der Software-Metrie ([129]) dient vor allem dazu, quantifizierte Aussagen zu allen Aspekten, Prozessen und Problemen der Software-Herstellung bzw. des im Verlauf der Software-Erstellung erhaltenen Software-Produktes zu geben. Hierin zeigt sich bereits die große Anwendungsvielfalt, der sich die Software-Messung gegenübersieht. Andererseits existieren bereits Teilgebiete der Software-Technik, wie die Leistungsanalyse (Performance Analysis), bei der solche Meßwerte wie verbrauchte Rechenzeit bzw. benötigter Speicherplatz eines Programms während dessen Abarbeitung schon seit langem existierende Kenngrößen für die Bewertung eines Programms darstellen. Diese Ansätze nutzend widmet sich die Software-Messung immer weiteren, zum Teil die Soziologie und Psychologie betreffenden Aspekten des Software-Produktes und insbesondere dem Software-Entwicklungsprozeß selbst. Im folgenden sind zunächst wesentliche Zielsetzungen für die Software-Messung dargestellt.

2.1 Software-Entwicklungskosten

Die Kosten, die bei der Entwicklung von Software, deren laufende Wartung und Pflege, anfallen, sind *d i e* Größen, die sowohl den Entwickler aber auch den Nutzer vorrangig interessieren. Leider sind sie im Vorfeld der Software-Erstellung auch am schwierigsten zu bestimmen.
Sie können nur abgeschätzt werden und bedürfen dabei eine möglichst exakten Vorstellung von den Anforderungen an das zu erstellende Software-Produkt sowie den zur Software-Erstellung benutzten Methoden und Mittel. Auf die den Nutzer dabei vorrangig interessierende Qualitätssicherung soll im folgenden näher eingegangen werden.

2.2 Software-Qualitätssicherung

Das Problem der Software-Qualitätssicherung erfordert zunächst eine exakte Bestimmung des Bergiffs der *Software-Qualität.* Aber genau das ist bereits eines der Grundprobleme der Software-Qualitätssicherung überhaupt.

2.2.1 Der Begriff der Software-Qualität

In [336], [393] und [411] wird auf nationale und internationale Standards eingegangen, die Aussagen zur Qualität im allgemeinen und zur Software-Qualität im besonderen betreffen. So beispielsweise im DIN 55350 ([115]):

> *„Qualität ist die Gesamtheit von Eigenschaften und Merkmalen eines Produkts oder einer Tätigkeit, die sich auf deren Eignung zur Erfüllung gegebener Erfordernisse bezieht."*

Und schließlich in der ANSI-Norm:

> *„Quality is the totality of features and charcteristics of a product or a service that bear on its ability to satisfy given needs."*

Die Aussagen sind sehr allgemein aber dennoch exakt. Sie fordern eine vollständige Übereinstimmung der Nutzeranforderungen mit dem geschaffenen Software-Produkt ([114]). Die Problematik liegt allerdings in

- der exakten Bestimmung und Dokumentation der Nutzerwünsche zum Beginn der Software-Erstellung sowie in
- den sich im Zeitraum der Software-Erstellung ändernden Anforderungen (sei es aus zunehmender Klarheit des Nutzers hinsichtlich seiner Ansprüche an das Software-Produkt oder der sich rasch ändernden Nutzungsumgebung bzw. des Anwendungsfeldes).

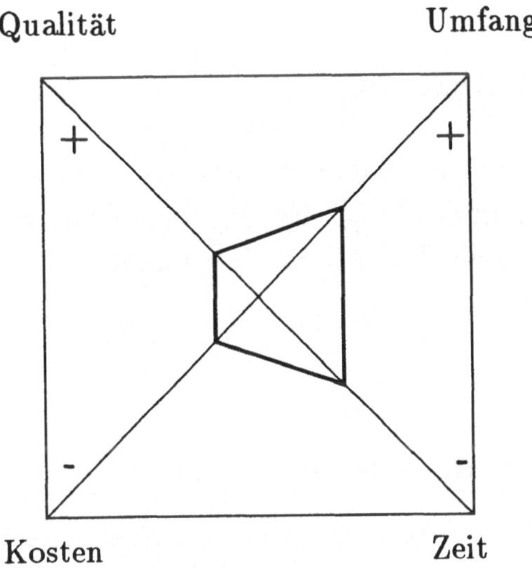

Abbildung 2.1: Gegensätzliche Merkmale von Software-Produkten

Andererseits gibt es sogenannte Qualitätsmerkmale – wie *Korrektheit, Robustheit, Zuverlässigkeit* usw. – die vielleicht mit unterschiedlicher Wichtung doch generell vom Nutzer gefordert werden.
Das dabei auftretende gegensätzliche Verhalten dieser Merkmale zeigt beispielsweise die in Abb. 2.1 gegebene Darstellung von Sneed ([360]). Dabei ist eine Aufwandscharakteristik beschrieben. Der Umfang dieser Produktcharakteristika bleibt im allgemeinen konstant. Wenn also für die Entwicklung beispielsweise die Kosten gesenkt werden sollen, so geht das zu Lasten der Qualität des Umfangs oder der Zeit.

Ebenso lassen sich auch aus Sicht des Software-Entwicklers derartige allgemeingültige Qualitätsmerkmale angeben, wie beispielsweise *Änderungsfreundlichkeit, Wartungsfreundlichkeit* u. a. m.
Die o. g. Qualitätsmerkmale lassen sich wiederum in weitere Untermerkmale zerlegen, wie z. B. *Konsistenz* und *Fehlertoleranz* als Teilmerkmale zur Robustheit. Weiterhin besteht die Möglichkeit, daß ein Untermerkmal zu verschiedenen Merkmalen gehören kann u. a. m. Eine derartige

Zergliederung (Dekomposition) möglichst aller allgemeingültiger Qualitätsmerkmale ist in sogenannten *Qualitätsmodellen* dargestellt.

2.2.2 Qualitätsmodelle

Eines der wohl verbreitetsten ist das Qualitätsmodell von McCall (u.a. erläutert in [225], [388] und [393]). Es beschreibt insgesamt 11 Qualitätsfaktoren, deren jeweils Kriterien, die wiederum aus Merkmalen bestehen, zugeordnet sind:

McCall — Qualitätsmodell	
Qualitätsfaktor	*Kriterium*
Flexibilität	Modularität Allgemeingültigkeit Erweiterbarkeit Güte der Dokumentation
Portabilität	Modularität Güte der Dokumentation Maschinenunabhängigkeit Systemsoftwareunabhängigkeit
Wiederverwendbarkeit	Allgemeingültigkeit Modularität Systemsoftwareunanhängigkeit Maschinenunabhängigkeit Güte der Dokumentation
Verknüpfbarkeit	Modularität Kompatibilität
Testbarkeit	Einfachheit Modularität Rechnerstützung Güte der Dokumentation
Wartbarkeit	Konsistenz Einfachheit Knappheit Modularität Güte der Dokumentation

McCall — Fortsetzung	
Qualitätsfaktor	*Kriterium*
Anwendbarkeit	Schulung Verständlichkeit Funktionstüchtigkeit
Integrität	Zugriffskontrolle Prüfbarkeit der Systemveränderungen
Effizienz	Laufzeiteffizienz Speicherplatzeffizienz
Zuverlässigkeit	Fehlertoleranz Konsistenz Betriebssicherheit Einfachheit
Korrektheit	Ablaufverfolgbarkeit Konsistenz Vollständigkeit

Für jedes dieser Kriterien existieren Merkmale, deren Bewertung im Verlauf der Implementation erfolgt und somit eine Bewertung der einzelnen Qualitätsfaktoren überhaupt ermöglicht.
Weitere Qualitätsmodelle sind u. a. in [193], [222], [262], [347], [371], [375], [393] und [397] angegeben. Sinn dieser Qualitätsmodelle ist es, mit ihrer Hilfe eine gezielte Qualitätssicherung zu erreichen.
Das soll zunächst durch sogenannte *Qualitätssicherungspläne* erreicht werden. Sie basieren auf die o. g. Qualitätsmodelle und sollten folgende Aussagen (gemäß dem IEEE-Standard 983-1986 in [192]) treffen:

Elemente eines Qualitätssicherungsplanes			
1	Zweck	8	Korrekturaktivitäten
2	einbezogene Dokumente	9	Tools und Techniken
3	Management	10	Code-Kontrolle
4	Dokumentation	11	Datensicherheit
5	Standards und Konventionen	12	Auftraggeberkontrolle
6	Reviews und Audits	13	Datenarchivierung
7	Konfigurationsmanagement		

Anpassungen auf konkrete Software-Erstellungsumgebungen sind in [37], [57], [191], [239], [253] und [335] angegeben. Dabei werden alle Schritte in allen Phasen der Software-Entwicklung festgelegt und einheitliche Formen von u. U. zu verwendenden *Checklisten* vorgeschrieben.
Die Qualitätssicherung ist also ein Prozeß, der sich über den gesamten Verlauf der Software-Erstellung erstreckt und dem Prinzip nach der „allgemeinen" Qualitätssicherung von Produkten aller Art entspricht (siehe z.B. auch [163], [257] und [392]).

2.3 Software-Bewertung

Die Software-Bewertung hat ihren Schwerpunkt auf die Bewertung bestimmter qualitativer Eigenschaften, ohne deren Absicherung in einem bestimmten Grade zu gewährleisten. Im folgenden seien einige Bewertungsaspekte kurz erläutert.

2.3.1 Bewertung des Leistungsverhaltens

Wie oben bereits erwähnt handelt es sich hierbei um solche Bewertungsaspekte wie (siehe auch [75])

- ◇ Laufzeitverhalten,
- ◇ Speicherplatzbedarf,
- ◇ Antwortzeitverhalten,
- ◇ Übertragungsgeschwindigkeit
- ◇ u.v.a.m.

Diese Meßgrößen können auch durch Tools bzw. simulatorgestützt ([403]) programmiersprachspezifisch gewonnen werden. Maßeinheiten dieser Meßgrößen sind also vor allem die Zeit, Bit- bzw. Byte-Mengen sowie dimensionslose Verhältniszahlen (siehe hierzu vor allem auch [357]).

2.3.2 Zertifikation von Software

Die Zertifikation von Software – als Kennzeichnung mit einem bestimmten „Gütesiegel" – gewinnt zunehmend an Bedeutung und ist derzeit die einzige Möglichkeit, sich auf allgemeine Qualitätseigenschaften (in Ermangelung exakter *Qualitätsmaßzahlen*) zu verständigen. Zur Bestimmung der Güte werden i.a. Prüfberichte angefertigt, die beispielsweise Prüfvoraussetzungen, Prüfgebiete, Überwachungsvorgaben sowie Kennzeichnungsart beinhalten. Zur *Gütebeschreibung* gehört dabei z.B. (siehe [361])

- ▷ die Produktinformation,
- ▷ die Funktionsbeschreibung,
- ▷ die Hard- und Software-Voraussetzung,
- ▷ die Installation,
- ▷ die Anforderungen an den Benutzer sowie
- ▷ die Dokumentation.

Die Gütekennzeichnung wird dabei in sogenannten Gütegemeinschaften vorgenommen ([361]).

2.3.3 Eignungstest

Bei einer Bewertung hinsichtlich der Eignung eines Software-Produktes handelt es sich um die Einschätzung der für eine vorgegebene Software- und Hardware-Umgebung günstigsten Variante im Verhältnis zu anderer Software. Es kommt dabei zumeist darauf an, ohne tieferer Kenntnis der jeweils zur Auswahl stehenden Software-Produkte eine i.a. schnelle aber zugleich richtige Entscheidung vorzubereiten. Dabei spielen natürlich auch die oben angegebenen allgemeinen Qualitätsmerkmale eine wichtige Rolle. Hinzu kommen jedoch solche Aspekte wie

- gegebene Hardware-Voraussetzungen

- bereits vorhandene Software-Entwicklungsumgebungen
- Qualifikationsstand der das zum Kauf anstehende Software-Produkt nutzenden Personen
- usw.

Die *Eignung* eines Software-Produktes wird also vor allem durch die im Anwendungsbereich gegebenen Voraussetzungen bestimmt. Eine Software-Evaluierung kann auch für eine spezielle Softwareklasse bzw. für einen speziellen Nutzerkreis durchgeführt werden (siehe beispielsweise [400]).

Die Ziele der Software-Messung lauten zusammengefaßt (siehe auch [31] und [146])

Einsparung		
Kosten	*Zeit*	*Aufwand*
Personal Ressourcen Wartung usw.	Entwicklung Einführung Abarbeitung usw.	Entwicklung Schulung usw.

Qualitätssicherung		
Produkt	*Entwicklung*	*Vertrieb*
Anwendbarkeit Zuverlässigkeit usw.	Produktivität Effektivität usw.	Schulungsniveau Service usw.

Bewertung		
Leistung	*Zertifikation*	*Eignung*
Effizienz Stabilität usw.	Güte Standards usw.	Anpassung Funktionsumfang usw.

Auf den jeweiligen Meßgegenstand bei der Realsierung der oben genannten Ziele wird im folgenden Kapitel näher eingegangen.

3 Meßgegenstand

Meßgegenstände sind nach [346]

- *der Programmcode*
  (mit den Einflußgrößen der Programmiersprache und der Programmstrukturierung)
- *Programmierungsmethoden*
  (mit der Anwendung bestimmter Programmierungsmethoden und -tools)
- *Programmierungsaspekte* (wie das Erlernen einer Programmiersprache, Testtechniken usw.)
- *Programmierungsmanagement*
  (mit dem Projektmanagement, der Organisation von Programmierteams u.ä.m.)

Es handelt sich also einmal um das Messen von *Produkten* und im anderen Fall um das Messen von *Tätigkeiten*.

Daher wird in den folgenden Abschnitten eine kurze Darstellung der Bestandteile der (Software-) Produkte sowie eine Erläuterung der wesentlichsten Formen und Methoden bei der Software-Erstellung gegeben. Auf die besondere Einflußgröße bei der Software-Erstellung – den Software-Entwickler – wird separat eingegangen. Der besondere Charakter bei der Erstellung (oder sogar Produktion) von Software kennzeichnet den Software-Entwickler nach wie vor als die wesentlichsten Einflußfaktoren.

3.1 Software-Produkte

Ein Software-Produkt ist nicht nur eine Menge von Programmen oder ein einzelnes sehr umfangreiches ausführbares Programm. Es gehören eigentlich alle Dokumente der Software-Erstellung dazu, die für den Entwickler, den Betreiber bzw. den eigentlichen Nutzer erstellt wurden. Das sind im wesentlichen folgende Bestandteile:

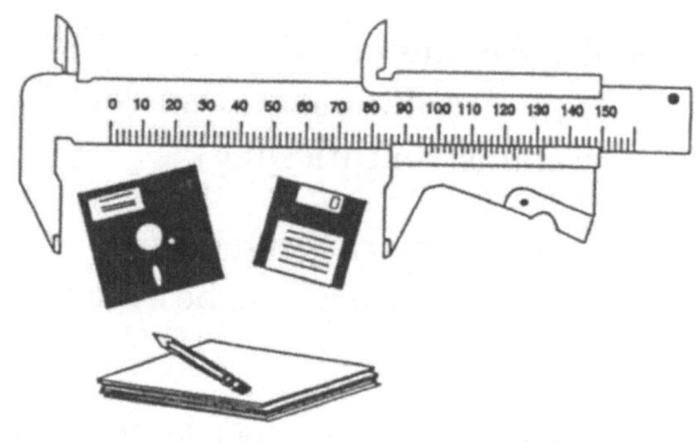

Manual: die Anwendungsbeschreibung des Software-Produktes,

Install: ein Installationsprogramm(-Paket) zur Installierung des Software-Produktes auf der jeweiligen Hardware,

Tutorial: ein oder eine Menge von Lehrprogrammen zu Schulungszwecken für die effektive Nutzung des Software-Produktes,

Demo: ein Demonstrationsprogramm(-Paket), welches dem Anwender in einfachster Form den Leistungsumfang des Software-Produktes demonstriert,

Entwicklerdokumentation: eine Dokumentation, die den Entwickler in die Lager versetzt, jederzeit eine Fehlerbehebung bzw. Funktionserweiterung durchzuführen; dazu zählen beispielsweise auch die

- Spezifikations- und Entwurfsdokumente,
- Prüf- und Checklisten,
- projektspezifische Hilfstools,
- Testfiles,
- Leistungsanalyse
- u.ä.m.

Programme: die eigentlichen Programme, die den Leistungsumfang des jeweiligen Software-Produktes ausmachen (in ihrer abarbeitungsfähigen und in ihrer Quellform).

Daß der Anwender bzw. Käufer des Software-Produktes hierbei nur die ausführbaren Programme und auch nicht die Entwicklerdokumentation erhält, sei hierbei nicht näher unterschieden.
Ein Software-Produkt faßt also alle *Ergebnisse* der Software-Entwicklung zusammen. Die für diesen Meßgegenstand wichtigen Eigenschaften sind also nicht nur die Funktionalität oder Zuverlässigkeit der Programme, sondern schließen beispielsweise die

- o Verständlichkeit der Spezifikationsdokumente,
- o Verträglichkeit der Entwurfsdokumente,
- o einfache Wartbarkeit der Quellprogramme,
- o Erweiterbarkeit der Testtabellen,
- o Kompatibilät der Produktversionen,
- o Ausführung in unterschiedlichen Leistungsklassen
  - – für die verschiedenen Hard- und Software-Konfigurationen,
  - – für die verschiedenen Markbedürfnisse
- o u. a. m.

ein. Daher ist für die Messung des Software-Produktes auch die genaue Kenntnis seiner Erstellungsform und -weise notwendig.

3.2 Software-Erstellung

Eine allgemeine Beschreibung des Software-Erstellungsprozesses wird im allgemeinen in Phasen bzw. Stufen vorgenommen. Es gibt bereits eine ganze Reihe vielfältiger Auffassungen zur Anzahl, zur Benennung und nicht zuletzt zum eigentlichen Inhalt der jeweiligen Entwicklungsstufen. Ein erster Ansatz seien daher die folgenden Entwicklungsstufen:

- Anforderungsanalyse (*Requirements analysis*)
- Spezifikation (*Specification*)
- Entwurf (*Design*)
- Kodierung und Test (*Implementation*)
- Installierung und Nutzung (*Installation and Use*)
- Wartung (*Maintenance*)

Hinsichtlich der Anzahl der Stufen der Software-Entwicklung gibt es vielfältige Variationen. Interessant ist hier allerdings die Auffassung über den Charakter und das Zusammenwirken dieser Stufen bzw. Phasen der Software-Erstellung. Die häufig außerordentlich hohe Komplexität des zu implementierenden Problems läßt oftmals ein stufenweises Abarbeiten (ohne Rückblick oder gar Korrektur der Ergebnisse der vorhergehenden Phase) nicht zu. Das charakterisiert auch den Software-Erstellungsprozeß als einen zyklischen Prozeß (*Software Life Cycle*) mit anfänglich vielen „unscharfen" Komponenten ([121]). Verschiedene

Software-Entwicklungsmodelle versuchen diese und auch weitere Spezifika der Software-Entwicklung zu verdeutlichen. Andererseits wirkt sich die zur Anwendung kommende Entwicklungsmethode wesentlich auf den Verlauf der Software-Erstellung (siehe auch [73]) und nicht zuletzt auch auf die Qualität des geschaffenen Software-Produktes aus. Generell sollte bei der Software-Entwicklung ein sogenanntes *Systemmodell* aufgestellt werden, welches den Meßprozeß begünstigt. DeMarco ([111], siehe aber auch [354]) nennt dazu folgende Regeln:

1. Wenn ein System größer als *klein* (klein im Sinne des im Gehirn vollständig speicherbar und somit analysierbar) ist, zerlegt man es in Teilsysteme, die wieder klein sind.

2. Das zerlegte System sollte möglichst wenige Schnittstellen besitzen.

3. Es ist eine formale Liste aller Datenschnittstellen sowie exakte und vollständige Definition aller Schnittstellen des Systems überhaupt aufzustellen.

4. Die Darstellung eines Systemmodells – der Bestandteile und Schnittstellen – sollte möglichst mit Grafiken erfolgen. Für die Beschreibung der Schnittstellen selbst sollte ein sprachliches Hilfsmittel eingesetzt werden.

5. Bei der Zerlegung des Systems sollten *handliche* Teilsysteme entstehen.

Derartige Systemmodelle als Entwicklungsmodelle können das *Projektmodell*, das *Spezifikationsmodell* oder das *Entwurfsmodell* sein.

3.2.1 Software-Entwicklungsmodelle

Software-Entwicklungsmodelle implizieren zumeist spezielle Entwicklungsmethoden. Diese haben wiederum ganz bestimmte Auswirkungen auf die Messung von Merkmalen der Software-Erstellung. Unter diesem Aspekt sollen zunächst drei Methoden kurz erläutert werden.

3.2.1.1 Die SA-Methode

Die SA-Methode (*Structured Analysis*) besteht aus den in Abb. 3.1 genannten Entwurfsdokumenten ([111], [190], [396]). Ausgangspunkt ist also ein Datenflußdiagramm (*Data Flow Diagram*), welches die Prozesse und die zugehörigen Datenflüsse der jeweiligen Problemstellung zusammenfaßt. Davon ausgehend werden zum einen das Datenstrukturdiagramm (*Data Structure Diagram*) und zum anderen die Programmstruktur in Form der sogenannten *Structure Charts* aufgestellt. Das Datenwörterbuch (*Data Dictionary*) faßt alle Informationen des Software-Entwurfs zusammen und dient der Gewährleistung der Konsistenz aller Entwurfsdokumente. Die für den jeweiligen Prozeßknoten des Datenflußdiagrammes notwendige Konkretisierung wird auch *MiniSpec's* (also Mini-Spezifikation) genannt. Die SA-Methode zählt zu den verbreitetsten Methoden und ist auch Grundlage der meisten Software-Entwicklungs-Tools (*CASE-Tools*). Sie existiert darüber hinaus in vielfältigsten Varianten und Spezialisierungen.

3.2.1.2 Cleanroom Engineering

Diese Methode basiert auf ([88])

- eine streng funktionale, mathematisch begründete Spezifikation (einschließlich deren Verifikation),
- die Einstellung aller Mitarbeiter: „Fehler sind gänzlich vermeidbar!",
- und auf die strenge organisatorische Trennung in

  Spezifikationsteam: ausschließliches formales Spezifizieren und Verifizieren,

  Entwicklungsteam: Entwurf und Kodierung,

  Bewertungsteam: Übersetzen, Test und Zertifikation der Programmkorrektheit.

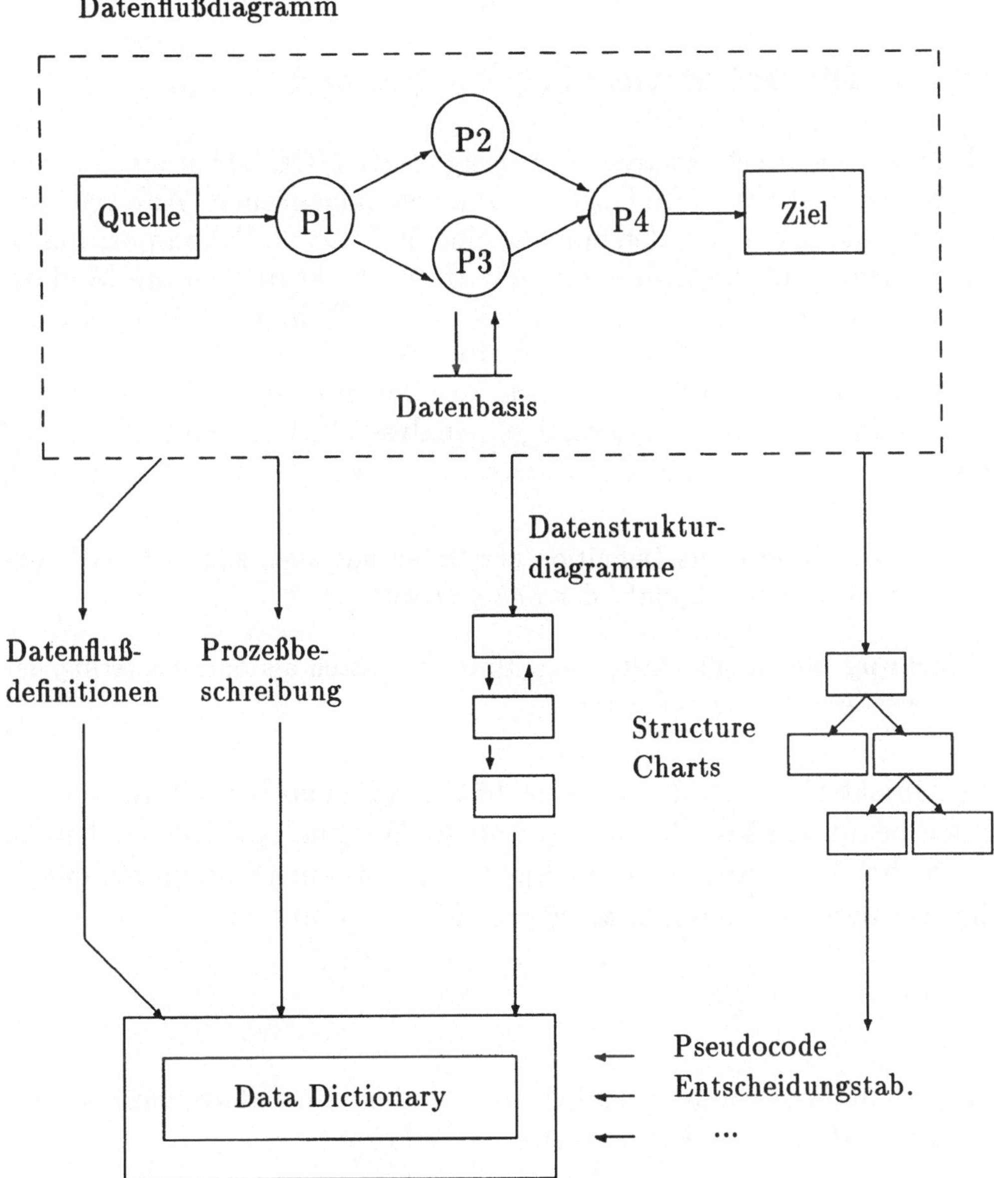

Abbildung 3.1: Entwurfsdokumente der SA-Methode

Die strenge organisatorische Trennung – insbesondere zwischen der Niederschrift des Programmcodes und seiner Übersetzung – stellt besondere Anforderungen an die Quellcodekorrektheit im statischen Sinne.

3.2.1.3 Die Objektorientierte Analyse und Design

Die objektorientierte Analyse und Design (OOA/OOD) hat einen neuen Ausgangspunkt ([86]). Im Gegensatz zu den „klassischen" Analyse- und Entwurfsmethoden, bei den zumeist eine funktionale Dekomposition eines Systems und die Anbindung der Datenstrukturen an die Module, die sie benötigen, typisch ist, wird hier mit der Sicht auf die Objekte des Problems begonnen. Objekte beinhalten sowohl Daten als auch Prozeduren, die sie in die Lage versetzen – analog zur realen Welt – zu *reagieren* ([252]). Nach einer derartigen Analyse gliedert sich der Entwurf in ([246])

Datenabstraktion: als Definition der Daten mit allen zugehörigen Funktionen vom Standpunkt der *Fähigkeit* aus;

Vererbung: als Möglichkeit, neue (Unter-) Klassen als *Spezialisierung* der existierenden zu definieren.

Der Objektorientierte Entwurf ist häufig mit dem bei der Implementation benutzten Verarbeitungssystem (z. B. Smalltalk) verbunden, da bereits bei der Festlegung der Objekte die Effizienz (hinsichtlich möglicher Wiederverwendung u. ä.) wesentlich beeinflußt wird.

Weitere Methoden unterscheiden sich vor allem im Entwurfsansatz, wie z.B. der *Entwurf von Kommunikationssoftware*

- in konventioneller Form ([122])
- mittels der Spezifikationssprache CSP (*Communicating Sequential Processes*) ([263])

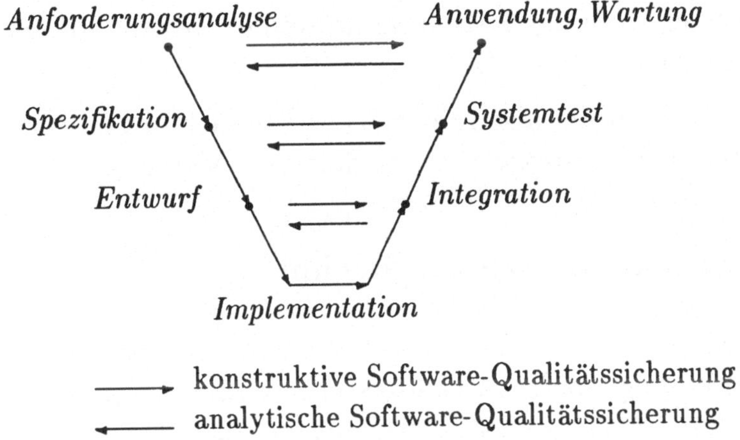

Abbildung 3.2: U-Diagramm zur Charakteristierung der Software-Entwicklung

oder andere Ansatzpunkte der Software-Entwicklung.

Software-Entwicklungsmodelle charakterisieren nun bereits wesentliche Tätigkeitsmerkmale und stellen somit eine gute Ausgangsbasis für die Bestimmung des Meßgegenstandes bei der Software-Herstellung dar. Hierbei sollen aus der Fülle der Modelle (siehe auch [47] und [233]) nur zwei ausgewählt werden.

3.2.1.4 Das U-Diagramm

Das U-Diagramm (nach [152]; siehe Abb. 3.2) ist eine Modifikation des V-Diagramms von Boehm und bringt folgendes zum Ausdruck:

- konstruktive Software-Qualitätssicherung wirkt unmittelbar auf die jeweilige Ebene der Integration der implementierten Komponenten,
- die analytische Software-Qualitätssicherung wirkt im Nachhinein; ist aber aufgrund der Kompliziertheit der i.a. entwickelten Soft-

ware unverzichtbar.

Eine ideale „Konstruktivität" wird beispielsweise durch Programmgeneratoren erreicht, die das U-Diagramm immer weiter (von unter her) verkürzen könnten.

Dieses Modell beschreibt also sehr gut das Entwicklungsniveau und die wesentlichsten Ansatzpunkte für eine Software-Messung.

3.2.1.5 Das Spiralmodell von Boehm

Dieses Modell (siehe [47] und [52]) versucht im Gegensatz zur obigen Phasenbeschreibung den Entwicklungsverlauf mit einer größtmöglichen Gewährleistung der Nutzeranforderungen darzustellen. Dieses Modell ist in Abb. 3.3 angegeben. Es zeigt als Meßpunkte den ersten Quadranten für Entwicklungsalternativen und den zweiten Quadranten für Korrektheitsnachweise.
Die besondere Qualität dieses Entwicklungsmodells besteht im Charakter des ersten Quadranten, der in jeder Entwicklungstufe eine nutzerorientierte Prüfung vorschreibt.
Zu den besonderen Meßgrößen gehört auch eine Risikoeinschätzung. Solche Risiken sind beispielsweise (siehe auch [40]):

Produktrisiko	*Prozeßrisiko*
Aufgabenstellung	Mitarbeiter
Zulieferungen	Auftraggeber
Produktionsmittel	Organisation

Ein rechtzeitiges Erkennen der Risiken und deren Eingrenzung führt auch zur Verhinderung von Kostenexplosionen bei der Software-Erstellung.
Weitere Modelle sind beispielsweise ([170], [235])

- Evolutionäre Entwicklung,

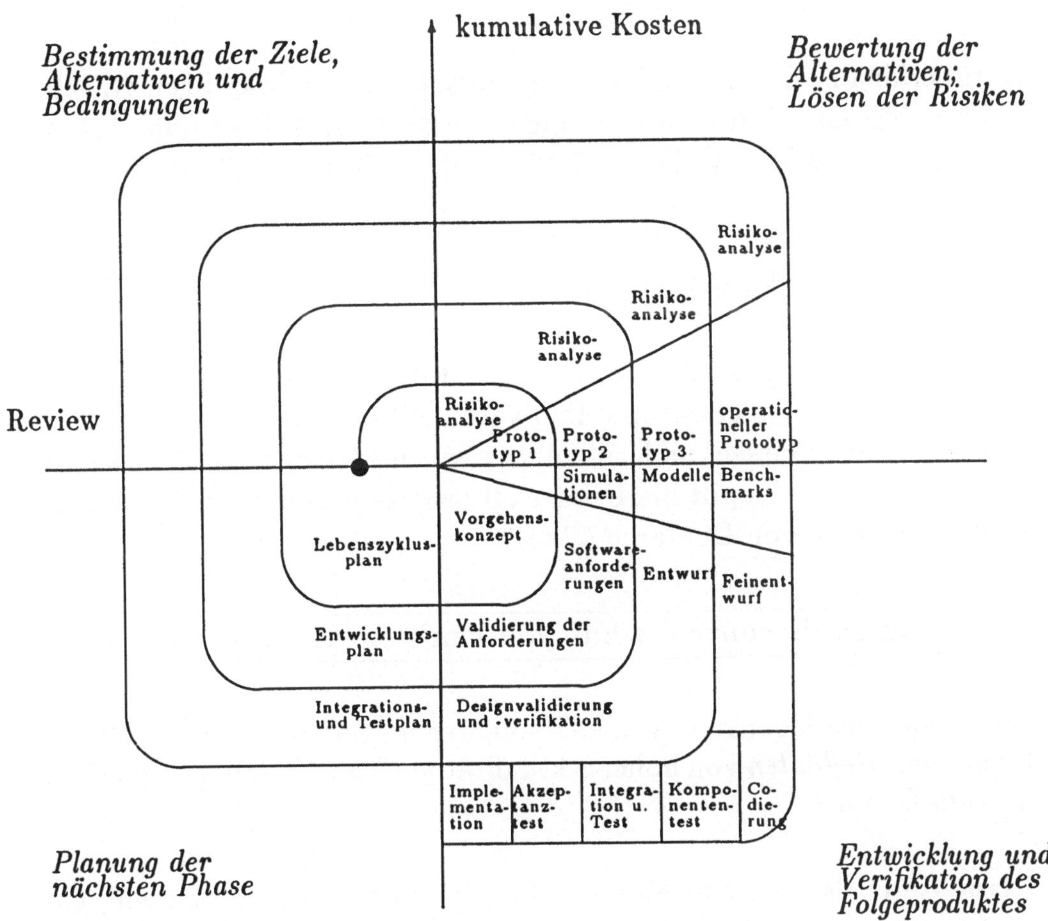

Abbildung 3.3: Das Spiralmodell der Software-Entwicklung nach Boehm

- Prototyping,
- Higher Order Software
- u.v.a.m.

Darüberhinaus sind Modellbeschreibungen mit den jeweiligen Ansatzpunkten für eine Software-Messung siehe auch [9],[12], [39], [51], [154], [161], [246], [250], [284], [291], [299], [306], [307] und [410].

3.2.2 Projektmanagement

Das Projektmanagement faßt alle Aktivitäten zusammen, die im Projektierungsprozeß geplant und überwacht – also *bewertet* und entschieden – werden müssen und soll daher in einem separaten Abschnitt erläutert werden. Es gilt hierbei der oft zitierte und nahezu schon klassische Ausdruck von DeMarco ([111])

You can't control what you can't measure.

Der Projektmanager muß wie kein anderer im Software-Entwicklungsteam über *Meßdaten* von hoher Aktualität verfügen ([160], [311], [410]). So zum Beispiel

Plandaten: als Übersicht über den Entwicklungsstand, die (aktuell!) einsetzbaren Mittel und Resourcen u.ä.m.

Risikoanalysen: als quantitativ angebbare Aussagen zu Entwicklungsvarianten und Entwicklungsproblemen,

Kostenanalysen: als vordergründig auf die Kosten bezogene Angaben zum Entwicklungsstand, den noch vorhandenen Mitteln und den dabei speziell auszuweisenden Betrag für die Qualitätssicherung,

Reviews und Audits: als Fehleranalysen, Qualitätsbeschreibungen und Prüfberichte überhaupt.

Dabei ist die gewünschte Quantifizierung von Informationen zur Entscheidungsgrundlegung oft nur schwer realisierbar – geht es zum Teil um solche Plandaten wie Erfahrung des Entwicklungsteams, Vergleichsanalyse zum aktuellen Software-Markt u.ä.m.
Für das Management der Software-Erstellung lassen sich folgende Prinzipien für einen sinnvollen Meßansatz zusammenfassen ([28], [205], [230] und [344]):

- Es ist eine klare Trennung zwischen der Rolle der *konstruktiven* und *analytischen* Maßnahmen bei der Software-Entwicklung erforderlich.
- Eine Formalisierung der Planung des Software-Entwicklungsprozesses ist notwendig, um Qualität *a priori* zu entwickeln.
- Nur eine Formalisierung des Software-Entwicklungsprozesses ermöglicht eine ingenieurmäßige Software-Erstellung.
- Ingenieurmethoden erfordern eine klare Zielorientierung, da die meisten Entwicklungsmethoden heuristisch und nicht formal sind.
- Software-Entwickler und -Manager brauchen ein „real-time" Feedback.
- Die Unterschiedlichkeit der jeweiligen Projekte muß beachtet werden.
- Die Eignung der unterschiedlichen Berechnungsmodelle ist zu beachten.
- Bei der Formulierung der Entwicklungs- und Produktziele sind die Erfahrungen der Firma zu beachten.
- Die Zielsetzungen und Maßvorgaben müssen über den gesamten Entwicklungsprozeß erfolgen.

Für die möglichst vollständige Beherrschung des Projektmanagement hinsichtlich der qualitativen Anforderungen hat sich der Begriff des „Totalen Qualitätsmanagements" (TQM - *Total Quality Management*) herausgebildet ([53]).

3.3 Software-Produktion

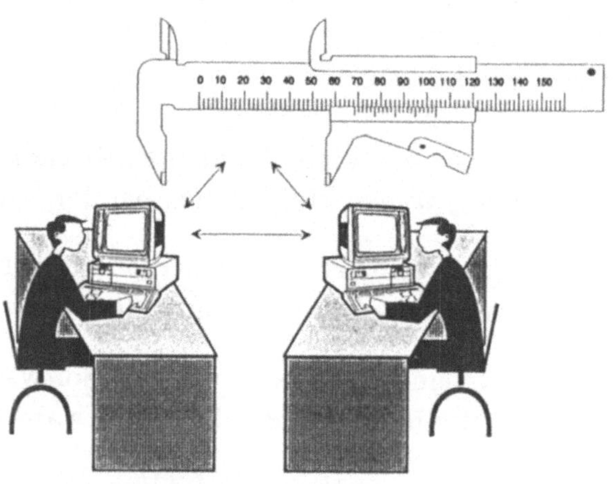

Die bisherige Beschreibung der Software-Erstellung bezog sich auf die Entwicklung von Software durch *Entwicklungsteams.* In sogenannten Software-Häusern ist diese Erstellung ein arbeitsteiliger Prozeß – jedoch immer noch mit einer Manufaktur vergleichbar. Gegenwärtig gibt es jedoch vielerorts Anstrengungen, eine *Software-Fabrik* aufzubauen, die im Idealfall dann gleich einer Robotertaktstraße im Automobilbau automatisiert ihre Produkte erzeugt.
Cusumano sieht die Entwicklungsetappen zu Software-Fabriken in [106]

wie folgt

- ▷ Grundlagen der Organisation und des Management der Programmentwicklung (60-er bis Anfang 70-er Jahre),
- ▷ Anwendung durchgängiger Technologien und der Standardisierung (70-er bis Anfang der 80-er Jahre),
- ▷ Mechanisierung der Programmierung (70-er bis heute),
- ▷ Prozeßverfeinerung und -erweiterung (insbesondere um *Qualitätskontroll und -sicherungsprogramme*),
- ▷ Flexible Automatisierung

  1. Erweiterung der Fähigkeiten existierender Tools,

2. Einführung von

   - Wiederverwendbarkeitstools,
   - Entwurfsautomatisierungstools,
   - Anforderungsanalysetools;

3. weitere Integration von Tools zu sogenannten Workbenches.

Der Prototyp einer japanischen Software-Fabrik namens **Sigma** ist in [6] beschrieben und besteht aus den in der folgenden Tabelle angegeben Komponenten.

Komponenten der SIGMA-Software-Fabrik	
Software Engineering Tools	
Planung	Projektplanungstool Anforderungsanalyse- und Definitionstool
Entwurf	Prozeßflußeditor Datenflußeditor Programmablaufplaneditor und -compiler Programmsynthesizer
Implementation	Sprachprozessor Struktureditor statischer Analysetool Interpreter/Debugger
Test	Testfallgenerator Testdatengenerator Treibergenerator symbolischer Debugger Testniveauanalysetool
Wartung	Wartungstool Systemdebugger

Software-Fabrik*(Fortsetzung)*	
Software Engineering Datenbasis	
Zwischenresultate	Entwurfsinformationen Programmablaufplan und -informationen
Projektdaten	Kosten Terminplan Qualität
Teilbibliotheken	Dokumentationsformat Programmskelette Unterprogramme
Resultate	Spezifikationen Programmcode Nutzerdokumentation
Software Engineering Datenbasis Management	
Netzwerktools	Filetransfer Emulation
Projektmanagementtool	Terminplanung Kostenanalyse Qualitätskontrolle
Dokumentationstool	Textprozessor (auch japanisch) Business-Graphiktool

Die rechentechnischen Grundlagen sind dabei ein Mainframe sowie spezielle Sigma-Workstations (und weitere Rechner, wie Superminis und PC's). Die Architektur beinhaltet Netze sowohl als LAN als auch WAN. Die Besonderheit der Softwaremessung liegt hierbei in der unmittelbaren Verwendung der Meßgrößen gleich einem Regelsteuerkreis (siehe auch [391]).

3.4 Der Software-Entwickler

Die wichtigste Komponente im Software-Entwicklungsprozeß ist natürlich der Software-Entwickler selbst (zumeist ist vereinfachend auch nur vom *Programmierer* die Rede). Eine Hauptkenngröße hierfür wird zumeist auch einfach als Programmierer-Produktivität bezeichnet. Es handelt sich dabei um einen sehr wesentlichen Faktor bei der Software-Erstellung (siehe auch [258]).

Eine erste Untersuchung dieser Software-Erstellungskomponente findet sich in Brooks Buch „The Mythical Man-Month" ([59]). Er analysiert die Einflußgrößen auf die Produktivität eines Programmierers am Beispiel seiner „Maßeinheit" Mann-Monate. Dabei stellt Brooks erhebliche Leistungsunterschiede zwischen einzelnen Programmierern fest (z.B. 1:20). Eine weiterführende Analyse stellt Shneiderman's „Software Psychology – Human Factors in Computer an Information Systems" ([352]) dar. Hierbei sind bereits eine Reihe von Software-Metriken (vorwiegend Code-Metriken (s.u.)) beschrieben. Ein Anwendungsfeld ist dabei die Strukturierte Programmierung. Seither sind gerade diese psychologischen Einflüsse und ihre Meßbarkeit Gegenstand zahlreicher Untersuchungen ([224]) und nicht selten Streitpunkt hinsichtlich einer oftmals zu empirischen Vorgehensweise (siehe auch [346]). Dennoch bleibt unbestritten

> *„Die größten Probleme bei unserer Arbeit sind keine technologischen Probleme, sondern soziologische Probleme" ; denn „Softwareentwicklung unterscheidet sich wesentlich von anderen Produktionsprozessen" ([112]).*

Erfahrung und Disziplin sind dabei wesentliche Tugenden eines Programmierers ([54]). Für eine Verbesserung der Produktivität der Software-Entwickler nennen DeMarco und Lister daher in [112] folgende allgemeine Merkmale:

- ▹ Es sollte ausreichend Zeit vorhanden sein
  - „für Brainstorming[1],
  - zum Untersuchen von neuen Methoden,
  - zum Austüfteln", wie „Teilaufgaben vielleicht ganz" zu vermeiden sind,
  - „zum Lesen,
  - zum Weiterbilden oder
  - einfach zum Vertrödeln".
- ▹ „Die Steigerung der Produktivität birgt ... das Risiko erhöhter Fluktuation in sich."
- ▹ „Am Arbeitsplatz ist eine Bedrohung der Selbstachtung eine der wesentlichen Ursachen von Emotionen"
- ▹ Die „Identifizierung mit Qualität führt zu mehr Zufriedenheit mit der Arbeit".
- ▹ „Die Aufgabe eines Managers ist nicht, die Mitarbeiter zur Arbeit anzuhalten, sondern ihnen die Arbeit zu ermöglichen".
- ▹ Bei der Neueinstellung von Personen sollten Eignungstests durchgeführt werden.
- ▹ Für eine Neueinstellung ist eine Einarbeitungszeit von durchschnittlich 3 Monaten zu beachten.
- ▹ Für eine gute Teamorganisation gelten folgende Merkmale
  - Qualität als Kult,

[1] Die Zitate auf dieser Seite sind jeweils aus [112].

- häufige Anerkennungen,
- Elitegefühl,
- Heterogenität,
- Erhalt eines erfolgreichen Teams,
- Vorgabe von strategischen nicht taktischen Richtlinien;

▷ Eine einfache Erfolgsformel lautet schließlich

- „gute Leute einstellen,
- diese glücklich machen, damit sie bleiben,
- sie möglichst frei arbeiten lassen".

Um derartige Aspekte in Metriken zu definieren ist es wichtig, *keine personenbezogenen Daten* dabei zu veröffentlichen; denn man kann „diese sehr sensitiven Daten nur dann sammeln, wenn alle Einzelpersonen aktiv und willig dabei mitarbeiten" ([112]). Eine weitere wesentliche Einflußgröße ist die *Programmiererfahrung.* So analysierten beispielsweise Faidhi und Robinson die Programmiererfahrung der Studenten beim mehrjährigen Gebrauch der Programmiersprache Pascal ([143]). Sie stellten u.a. fest, daß im Laufe der Zeit der Gebrauch von Array- und Record-Konstrukten zurückging, während die Anwendung von Pointern stark zunahm.
Ein anderes Merkmal betrifft den Kommunikationsaufwand in Software-Entwicklungsteams. Dazu meint Brooks bereits (in [59])

Adding manpower to a late Software project makes it later.

Dies verdeutlicht in besonderem Maße die Problematik, deren Unterschätzung oft die Ursache des Unverständnisses für zu lange Entwicklungszeiten darstellt.

3.5 Das Meßpersonal

Last but not least ist es – wie bereits oben erwähnt – nicht unerheblich, *wer* mißt und mit welcher Qualität. DeMarco schenkt diesem Aspekt besondere Aufmerksamkeit ([111], S. 210 ff.) und weist sogar zwei Kennzahlen als Meßgrößen selbst aus,

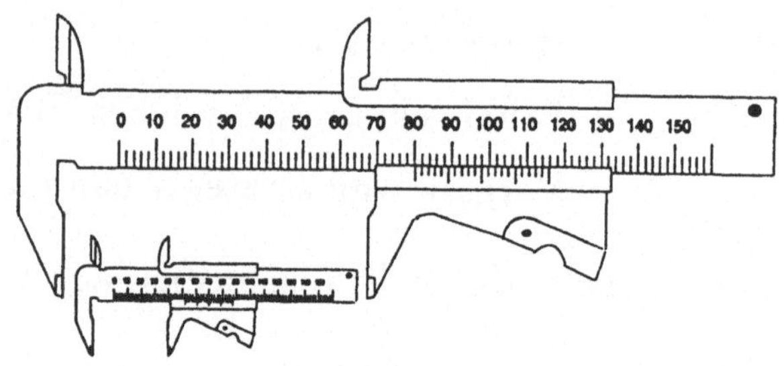

- der *einfache Schätzqualitätsfaktor (ESQF)* als[2]

$$ESQF = \frac{W_a * D}{\int (W_g(t) - W_a)\, dt} \tag{3.1}$$

sowie

- den *zeitgewichteten Schätzqualitätsfaktor (ZSQF)* als

$$ZSQF = \frac{5 * W_a * D}{\int [(W_g(t) - W_a) * (D - t)]\, dt} \tag{3.2}$$

mit W_g als geschätzter Wert, W_a als aktueller (realer) Wert und D für den betrachteten Zeitraum. Der Schätzqualitätsfaktor ergibt sich also aus dem (gewichteten) aktuellen Wert in einem vorgegebenen Zeitraum geteilt durch den mittleren Schätzfehler. Damit wird insbesondere für den Schätzvorgang selbst eine wesentliche Einflußgröße quantifiziert.

[2]Das Zeichen $*$ verdeutlicht die arithmetische Multiplikation und ist teilweise explizit angegeben, um die Lesbarkeit der jeweiligen Formeln zu verbessern.

Zusammfassend (nach [61]) unterteilen sich die Meßgegenstände in (siehe auch [146], S. 44)

Ressourcen		
Personal	*Computer-Umgebung*	*sonstige Umgebung*
Person A Person B Person C usw.	CASE-Tools Textverarbeitungs-systeme Hardware usw.	Projektmanagement vorhandene Möglichkeiten Rahmenbedingungen usw.
Prozesse		
personalbezogen	*maschinenbezogen*	*produktbezogen*
Erfahrungen Administration Lebensbedingungen usw.	Übersetzungen Abarbeitungen Druckausgaben usw.	Spezifikation Entwurf Implementierung usw.
Produkte		
Software		*andere*
natürlichsprachliche Dokumente	*formalsprachliche Dokumente*	Metrikenwerte Zeit für Meetings Management Dokumente usw.
Anwenderbeschreibung Anforderungsanalyse Wartungsbeschreibung usw.	Formale Spezifikation Testdaten Quellcode usw.	

Die hier verdeutlichte Vielfalt läßt bereits erkennen, daß Messungen der Software und insbesondere der Software-Erstellung die unterschiedlichsten Ansatzpunkte besitzen und erst einmal ein allgemeine Darstellung des Meßvorganges notwendig ist.

Auf diese Problematik der Bestimmung von quantifizierten Angaben als *Messung* sowie den Einflußfaktoren wird im folgenden Kapitel eingegangen.

4 Software-Messung

In den vorangegangen Abschnitten wurden der Bedarf nach Softwaremaßen und die wesentlichsten Meßpunkte bei der Software-Erstellung beschrieben. Im folgenden soll daher zunächst auf die Problematik der Software-Messung selbst eingegangen werden.

4.1 Meßtheoretische Grundlagen

In anderen Fachgebieten – wie beispielsweise in der Physik – ist das Messen einfach nicht mehr wegzudenken. Es begründet nahezu alle wesentlichen Aussagen bei physikalischen Experimenten. Grundlage für eine Messung ist eine allgemeine Meßtheorie (siehe auch [150]). Danach gilt für die Software-Messung ([146], S. 2)

> *„Measurement is the process by which numbers or symbols are assigned to attributes of entities in the real world in such a way as to describe them according to clearly defined rules."*

Ein durch Meßwerte bestimmtes Maß kann dabei allgemein definiert werden ([368]) als eine

Funktion $m : A \rightarrow \mathbf{R}$[1] heißt ein *Maß* über einer Menge A (also m(A)), wenn gilt:

1. $m(A')$ existiert für alle $A' \subset A$,
2. $m(A') \geq 0$ für alle $A' \subset A$,
3. $m(A' \cup A'') \leq m(A') + m(A'')$ für alle $A', A'' \subset A$.
   Das Maß heißt linear, wenn außerdem noch gilt
4. $m(A' \cup A'') = m(A') + m(A'')$ für alle $A', A'' \subset A$ mit $A' \cap A'' = 0$.

[1] **R** steht hierbei für den Körper der reellen Zahlen.

Die in 3. bzw. 4. formulierte Eigenschaft beschreibt den sogenannten *Abstand* zwischen den Maßen als *metrische* Charakteristik. Die Anwendung auf die Messung der Software (siehe vor allem [411]) ergibt eine wesentliche Forderung an ein Software-Maß μ für zwei Programme P_1 und P_2 beispielsweise ([417])

$$\mu(P_1 \oplus P_2) \geq \mu(P_1) + \mu(P_2). \tag{4.1}$$

Zu den Meßwerten gelangt man, wenn man zu Dingen der realen Welt, deren Eigenschaften in einer Menge A zusammengefaßt seien, ihre Relation zuweinander betrachtet und wertmäßig ausdrückt. Dabei sind folgende Probleme zu lösen ([148]), wie das

Repräsentanzproblem: welches die Forderung nach der Möglichkeit einer zahlenmäßigen Darstellung der oben genannten Relationen beinhaltet,

Eindeutigkeitsproblem: welches bei mehreren Repräsentationen einer Eigenschaft ein gleichartiges Verhalten fordert,

Bedeutungsproblem: welches bei den jeweils zulässigen Transformationen der Meßwerte die richtige Bedeutung zur gemessenen Eigenschaft fordert und schließlich das

Skalierungsproblem: welches den gemessenen Wertebereich hinsichtlich der anwendbaren mathematischen Operationen darstellt.

Daher ist ein wesentliches Merkmal für die Arbeit mit diesem Maß der Software-Messung die besondere Beachtung der durch ein Software-Maß erreichten Skalierung. DeMillo und Liptov (in [294], S. 77 ff.) unterscheiden dabei (siehe auch [175] und [416])

Transformation	*Skalierungstyp*	*Beispiel*
$\Phi(x) = x$	absolut	Zählung
$\Phi(x) = ax$ $a > 0$	rational	Zeitintervall, Länge
$\Phi(x) = ax + b$ $a > 0$	intervall	Zeit, Temperatur
$x \geq y$ impliziert $\Phi(x) \geq \Phi(y)$	ordinal	Rangfolge
Φ *ist* $1 - 1$	nominal	Kennzeichnung

Die Bestimmung der Skalierung ist für die Anwendbarkeit mathematischer Operationen von Bedeutung. Sie lauten nach [414] :

Nominalskala: nur nichtparametrisierte statistische Verfahren,

Ordinalskala: nur Statistiken für die Rangordnung und alle für die Nominalskala anwendbaren,

Intervallskala: arithmetisches Mittel und alle für die Ordinalskala anwendbaren,

Rationalskala: arithmetisches Mittel, Prozentberechnung und alle für die Intervallskala anwendbaren,

Absolutskala: alle möglichen mathematischen Berechnungen.

4.2 Messungen an Programmen

Auf dem Gebiet der Software-Messung wurden zunächst Untersuchungen des Programmcodes vorgenommen. Meßwerte waren dabei vor allem Häufigkeitsangaben für verwendete Programmiersprachelemente. Einige derartiger Messungen sind beispielsweise für folgende Programmiersprachen durchgeführt worden

FORTRAN: Analyse einer ausgewählten FORTRAN-Programmenge nach [220] (als eine der ersten Analysen zum Programmierstil)

- Anzahl verwendeter Sprachelemente,
- Anzahl und Art der GOTO-Anwendung,
- u.ä.m.

sowie eine Auswertung des dynamischen Programmverhaltens hinsichtlich der Durchlaufzahl jeder Anweisung (zur FORTRAN-Analyse siehe auch [45] und [322]);

COBOL: Hierbei wurden Programme aus dem industriellen Bereich analysiert hinsichtlich ([332])

- angewandter Sprachelemente im Indentifikations-, Environment- und Data-Division-Bereich,
- prozentualen Anteil aller verwendeten Verben in der Procedure Division,
- Statistiken, wie Record-Anzahl, Zeilenzahl pro Division u.ä.m.
- einer detaillierteren Fehlerdarstellung der Übersetzung und des Programmlaufes;

ALGOL 60: Die Auswertung von ALGOL-60-Programmen bezog sich hierbei vor allem ([34]) auf die Verarbeitungszeit bei unterschiedlich großen Programmsegmenten bezogen auf unterschiedlich große Feldstrukturen);

PL/1: Auswertung ([136]) kommerzieller Programme und detaillierte Analyse hinsichtlich

- Anwendungshäufigkeit der jeweiligen Anweisungsart,
- prozentuale Anwendung der Anweisungsarten in allen (untersuchten) Programmen,
- multiple Datendefinitionen (z.B. BY NAME),
- Häufigkeit der DO-Anweisungsarten,
- Anwendung der IF-THEN- bzw. IF-THEN-ELSE-Anweisungen,
- Verwendung der Operatorarten in den Ausdrücken,
- Anwendungshäufigkeiten der Konstantenarten,
- Anwendung von Marken für die Programmsteuerung,
- Spannweiten bei der Verwendung von Variablen in den Anweisungen
- u.ä.m.

APL: Analyse von APL-Programmen ([331]) nach

- Zeilenanzahl der jeweiligen Funktionsdefinitionen,

- multipler Anwendung von Literalen,
- der Anwendung von Identifikatoren überhaupt,
- dem Gebrauch von GOTO-Anweisungen,
- der „syntaktische Komplexität" als Länge des Syntaxbaumes für die jeweilige APL-Anweisung
- u.ä.m.

Lisp: Analyse der Listendefinitionen ([85]) und der durch sie erzeugten dynamischen Listenstrukturen;

Pascal: Analyse von Pascal-Programm hinsichtlich ([93], [245])

- Unterprogramm- bzw. Funktionsverschachtelungen,
- Anwendungshäufigkeit der Variablenarten,
- Operandenarten,
- Anweisungsanwendungen
- u.ä.m.

C: Bestimmung der Programmcharaketeristika ([43], [174])

- durchschnittliche Modullänge,
- durchschnittliche Länge (in Zeichen) von Bezeichnern,
- prozentualer Anteil der Zeilen, die mit Kommentaren versehen sind,
- das Verhältnis von initialem Speicherplatz zur Gesamtzeichenanzahl des Programms,
- prozentualer Anteil von Leerzeilen,
- durchschnittliche Zeilenlänge (in Zeichen),
- durchschnittlicher Leerraum pro Zeile (z. B. beim Einrücken),
- prozentualer Anteil der Konstantendefinitionen zu den Variablendefinitionen,
- Anzahl verwendeter „reservierter" Wörter und Standardfunktionen,

- Anzahl „INCLUDE"-Files und
- Anzahl GOTO's.

Diese Programmanalysen sind natürlich auch für die Entwickler der jeweiligen Programmiersprache interessant und geben andererseits auch Auskunft über die Programmiererfahrung bei der Anwendung (möglichst vieler) Sprachelemente (siehe auch 3.4).

4.3 Messung der Software-Entwicklung

Als ein für die Software-Entwicklung besonders typisches Merkmal kennzeichnet Gilb ([158]) die oftmals mangelnde klare Zielvorgabe.

„Project without clear goals will not achieve their goal clearly."

Eine allgemeine Charakterisierung der Software-Messung hinsichtlich der dabei wirkenden Faktoren zeigt Rombach in [327]:

- ◇ menschliche Faktoren (Erfahrung, Kontaktfähigkeit, Motivation),
- ◇ aufgabenspezifische Faktoren (Ausgangszustand, Neuartigkeit, Zielzustand, Typ, Randbedingungen),
- ◇ software-systemspezifische Faktoren (Umfang, Qualitätsanforderungen),
- ◇ vorgehensspezifische Faktoren (Personen, Strukturierung, Programmiersprache, Entwurfssprache, Art der Software-Qualitätssicherung, Erstellungsmethoden),
- ◇ ressourcenspezifische Faktoren (Zielsystem, Erstellungssystem, zeitliche und finanzielle Anforderungen),
- ◇ werkzeugspezifishe Faktoren (Erstellungs-, Analyse-, Bewertungstools).

Andererseits kommt es bei der Software-Messung darauf an, Software-Projekte erst einmal *„so zu organisieren, daß sie meßbar sind"* und daß *„die gemessenen Daten zu einer aussagekräftigen Steuerung des Software-Entwicklungsprozesses herangezogen werden können"* ([111], deutsche Ausgabe).
Weitere Besonderheiten der Software-Messung sind nach Wallmüller ([391]) auch durch die Beantwortung der folgenden Fragestellungen charakterisiert:

- Wer mißt?
- Welches Merkmal wird gemessen?
- Wie ist die Metrik genau definiert?
- Welche Qualitätsverbesserung soll erreicht werden?
- Wie aktuell ist die Messung?
- Aus welcher Quelle stammen die Meßdaten?

All diese scheinbar banalen Fragestellungen drücken die heutigen Probleme insbesondere bei der zielgerichteten Anwendung von Software-Metriken sehr treffend aus. Ansatzpunkte für die Software-Messung sind also (auch nach [326]):

- Prozesse,
- Produkte,
- Sprachen,
- Methoden und
- Tools.

Als Meßtypen werden durch Rombach (in [326]) unterschieden:

- *abstrakte* und *spezifische*,

- ▹ *prozeßbezogene* und *produktbezogene*
- ▹ *direkte* und *indirekte* sowie
- ▹ *objektive* und *subjektive*.

Eine bibliographische Übersicht einiger Arbeiten zur Software-Messung hat Basili in [25] zusammengefaßt.

4.4 Eigenschaften von Software-Maßen

Die hohe Komplexität des Meßgegenstandes läßt eine knappe Beschreibung der Maßeigenschaften nicht zu. Die Anforderungen an Software-Maße bzw. -Kennzahlen überhaupt faßte bereits Itzfeldt in [198] zusammen in Form sogenannter

Hauptgütekriterien: dazu zählen

- *Objektivität* (um möglichst geringe subjektive (vom Prüfer ausgehende) Einflüsse zu verzeichnen),
- *Verläßlichkeit* (um die Ermittlung der jeweiligen Kennzahl von Zufälligkeiten und zeitlich bedingte Einflüsse zu befreien),
- *Validität* (um eine „allgemeine" (z.B. durch Analogie oder Expertenschätzungen) Gültigkeit zu erreichen),

Nebengütekriterien: dazu zählen

- *Normierung* (um durch eine Skalierung eine Zuordnung zu verbalen Bewertungen zu erreichen),
- *Vergleichbarkeit* (aufbauend auf einer Normierung sollte korrelatives Kennzahlverhalten gewährleistet werden),
- *Ökonomie* (die Kosten für eine Software-Messung sollten unter dem durch die Nutzung dieser Kennzahl zu erwartenden Nutzen liegen),

- *Nützlichkeit* (um wirklich praktische Bedürfnisse zu erfüllen).

Weitere Bemühungen sind vor allem auf eine strengere mathematische Fassung der Software-Maßeigenschaft gerichtet. Die von Prather in [300] geforderte Axiomatik gilt beispielsweise aber nur für Programme, die nach den Regeln der Strukturierten Programmierung kodiert wurden. Redish schlägt daher ebenfalls erst einmal allgemeine Anforderungen an die Eigenschaften von Programmqualitätsmaßen vor ([309]):

▷ Programmbewertungen sollten vom Nutzer ausgehen.

▷ Der Nutzer sollte seine Wünsche durch ein Programmodell beschreiben.

▷ Die Programmbewertungsmaße sollten ausgewählte Qualitätsmaße darstellen (z.B. Modularität, Testbarkeit, Zuverlässigkeit usw.).

▷ Die Programmbewertung sollte auf jeden Fall Korrektheit und Effizienz einschließen.

▷ Die Maße sollten die bekannten Abstandseigenschaften aus der Maßtheorie besitzen.

▷ Anweisungsoperationen in einem Programm können zur Wertveränderung eines Qualitätsmaßes führen.

▷ Äquivalente Programme sollten auch gleiche Qualitätswerte besitzen.

▷ Für ein korrektes Programm kann ein Maßzahlintervall angegeben werden.

Diese Charakteristika weisen bereits darauf hin, daß die Interpretation eines Maßes nicht absolut und eindeutig ist (z.B. Nutzerbezogenheit). Das Bestreben, Maßeigenschaften zu postulieren, die alle Softwaremaßzahlen erfüllen (sollten), ist dennoch ungebrochen. So lautet beispielsweise der Eigenschaftskatalog von Weyuker ([398]):

1. es seine P und Q zwei Programme mit den Maßzahlen $|P|$ und $|Q|$,
2. $(\exists P)(\exists Q)(|P| \neq |Q|)$,
3. das Maß sei eine nichtnegative Zahl,
4. für verschiedene P und Q kann gelten $|P| = |Q|$,
5. $(\exists P)(\exists Q)(P \equiv Q \wedge |P| \neq |Q|)$ (Gleichheit im Sinne der gleichen Funktionalität),
6. $(\forall P)(\forall Q)(|P| \leq |P;Q| \wedge |Q| \leq |P;Q|)$,
7. speziell gelte:
   (a) $(\exists P)(\exists Q)(\exists R)(|P| = |Q| \wedge |P;R| \neq |Q;R|)$,
   (b) $(\exists P)(\exists Q)(\exists R)(|P| = |Q| \wedge |R;P| \neq |R;Q|)$,
8. es sei Q aus P durch Permutation der Anweisungen gebildet; dann ist möglich $|P| \neq |Q|$,
9. $|P| = |Q|$, falls Q dem P nur mit anderem Namen entspricht,
10. $(\exists P)(\exists Q)(|P| + |Q| < |P;Q|)$.

Eine ähnliche formale Maßbeschreibung ist von Redish und Smyth in [309] zu finden. Auf die Problematik derartiger Schemata[2] wird im Kapitel 6 noch einmal eingegangen. Den Aspekt der Brauchbarkeit eines Software-Maßes als Kennzahl kennzeichnet DeMarco in [111] wie folgt

Meßbarkeit: Die betrachtete Einflußgröße als Indikator muß meßbar – d.h. quantifizierbar – sein. Dabei ist zwischen einer *noch nicht gemessenen* Größe und einer *nicht meßbaren* wohl zu unterscheiden.

Unabhängigkeit: Eine Kennzahl muß von den bewußten Einflüssen des Projektpersonals unabhängig sein.

Verläßlichkeit: Bei der Meßdatenerfassung sollten ebenso

[2]Für ein konkretes Softwaremaß „glätten" diese Schemata die wirklichen Eigenschaften zu sehr ([413]).

- die Ausgangs- und Zwischendaten aufgehoben werden als auch
- die zugehörigen Kontrolldaten, wie Beobachtungszeitpunkt, Name des Beobachters, Name der Personen, dessen Arbeit gemessen wurde, usw.

mitgeführt werden.

Genauigkeit: Zum im Zusammenhang mit einer Kennzahlbestimmung ermittelten Wert ist stets dessen Genauigkeit (also z. B. ±10%) festzuhalten.

Neben den Eigenschaften von Softwaremaßen überhaupt steht natürlich deren Inhalt, d.h. welche Eigenschaft diese Maße selbst zum Ausdruck bringen, im Vordergrund. Dazu stellt Ramamoorthy in [307] fest:

„Software complexity is the mayor reason for rapidly increasing software development costs."

Daher sind auch die meisten in den folgenden Abschnitten beschriebenen Softwaremaße Komplexitätsmaße. Dabei ist jedoch zu beachten, daß es i. a. zwei Komplexitätsmaße für die Software gibt (siehe auch [294] und [414]):

1. die *rechnerische* Komplexität des jeweils implementierten Algorithmus als

   „quantitative aspects of the solutions to computational problems, such as comparing the efficiency of alternate algorithmic solutions" ([105])

   und

2. die sogenannte *psychologische* Komplexität von Programmen hinsichtlich Lesbarkeit, Testbarkeit u.ä.m. ([212], [135]) als

   „characteristics of software which make it difficult to understand and work with" ([105])

Die hier beschriebenen Komplexitätsmaße sind ausschließlich von der zweiten Art. Einflußgrößen auf diese Komplexität sind beispielsweise ([79]):

- ◇ Datendarstellungen und -strukturen,
- ◇ Datenvolumen und -verteilung,
- ◇ Datenkommunikation und -management,
- ◇ Speicher,
- ◇ Prozessor,
- ◇ E/A-Geräte,
- ◇ Betriebssystem,
- ◇ Programmiersprachen,
- ◇ arithmetische und nichtarithmetische Logik und
- ◇ Programmsteuerlogik.

Auf die Bedeutung aber auch die Problematik der möglichst genauen Bestimmung dieser Komplexität wird im Abschnitt 5.5 näher eingegangen.

Zusammenfassend formuliert Basili ([31]) folgende Vorgehensweise bei der Software-Messung:

I. Definition		
Motivation	*Ziele*	*Zweck*
Verständnis Validierung Lernen usw.	Produkt Prozeß Metrik usw.	Bewertung Schätzung Charakteristierung usw.
Sicht	*Bereich*	*Umfang*
Entwickler Nutzer usw.	Programmierung Projektierung usw.	einfaches Projekt eingebettete Projekte usw.
II. Planung		
Entwurf	*Kriterien*	*Messungsart*
experimenteller analytischer statistischer usw.	Kosten Fehler Qualität usw.	Metrikdefinition Metrikvalidation usw.
III. Durchführung		
Vorbereitung	*Realisierung*	*Analyse*
Pilot-Studie	Datenkollektion Datenvalidation	quantitative qualitative
IV. Interpretation		
Kontext	*Extrapolation*	*Auswirkungen*
statistische Methoden Studienzweck	einfache Darstellung	Anwendungsmög- lichkeiten

Diese Vorgehensweise ist allgemeingültig und in jeder Phase der Software-Erstellung anzuwenden. Daher ist es besonders wichtig, die im Verlaufe der Software-Entwicklung relevanten Maßzahlen zu kennen oder zu postulieren und deren phasenbezogenen Werte zu bestimmen.

Einige Meßergebnisse und vor allem die dabei zugrundegelegten bzw. abgeleiteten Metriken beschreibt das folgende Kapitel.

5 Software-Metriken

Software-Metriken (*Software Metrics*) definieren Grady und Caswell als ([161], S. 4):

> *„a standard way of measuring some attributes of the software development process."*

Software-Metriken sind also quantifizierte Beschreibungen von Charakteristika der Software und deren Entwicklungsprozeß. Software-Maße soll hier als synonymer Ausdruck für Software-Metriken gelten[1] ([135]). Das Anwendungsziel der Software-Metriken charakterisieren Conte, Dunsmore und Shen ([92],S. 3) als:

> *„Generally, software metrics are used to characterize the essential features of software quantitatively, so that classification, comparison, and mathematical analysis can be applied."*

5.1 Metrikarten

So vielfältig wie die Beschreibung des Meßgegenstandes ausgefallen ist, genau so vielfältig sind auch die Klassifikationen von Software-Metriken. Einige Beispiele aus [13], [29], [52], [160], [183], [209], [306], [307], [326] und [350] lauten in die Klassifikation nach Fenton/Kaposi [147] eingebettet:

1. *Produktmetriken* (z.B. Code-Metriken, Algorithmenmaße, Laufzeit) und *Prozeßmetriken* (z.B. Strukturmetriken, Architekturmaße, Anforderungsanalyse-Metriken, Design-Metriken, Implementationsmetriken (Work-transactions-Metrik), Entwicklungsumgebungs-Metriken, Wartungsmetriken),

[1] Diese vereinfachende Gleichsetzung beider Begriffe ist in der Weise, wie die Metriken und Maße hierbei dargestellt werden, durchaus annehmbar.

2. *statische* (dokumentationsbezogen) und *dynamische* (laufzeitbezogen),

3. *deskriptive* (aus Analyse gewonnene) und *prediktive* (prognostizierte, abgeschätzte),

4. *problemkomplexitätsbezogene* und *algorithmenkomplexitätsbezogene*,

5. *black-box-Metriken* (verhaltensbezogene) und *Strukturmetriken* (konstruktionsbezogen),

6. *Qualitätsmetriken.*

Weitere Klassifikationsarten sind u. a. in Zuse ([414]) angegeben. Im folgenden sollen Beispiele für Software-Metriken angegeben werden. Dabei wurden als Klassifikation die Software-Entwicklungsphasen zugrundegelegt (siehe z.B. [296]). Als Beschreibungsform wurde jeweils die aus der Originalquelle übernommen, ohne eine nach einheitlichen Gesichtspunkten – wie beispielsweise in [186] nach [200] – gestaltete Übersicht zu geben.

5.2 Metriken für die Anforderungsanalyse

In der frühesten Phase der Software-Entwicklung, der Anforderungsanalyse (*Requirement Analysis*), sind bereits Metriken anwendbar. Nach Ramamoorthy ([307]) zählen diese zu den Bedeutendsten – werden doch hier *d i e* Entscheidungen für die sich insgesamt ergebenden Entwicklungskosten getroffen. Doch gerade hierfür sind Metriken besonders schwierig definierbar; denn (siehe [41], [127], [406])

- die Anforderungsanalyse ist vor allem auch eine soziale Tätigkeit,
- die Anforderungsanalyse ist ein sehr wissensintensiver Prozeß,
- die Ergebnisse der Anforderungsanalyse sind in den unterschiedlichsten Darstellungsformen gegeben.

Maße für diese Entwicklungsphase sind daher auch sehr allgemeiner Art, wie ([127], [144], [219])

- Vollständigkeit (*Completeness*)
  - funktionale,
  - informationelle,
- Widerspruchsfreiheit (*Consistency*)
  - logische,
  - Testbarkeit,
- Klarheit (*Understandability*)
  - stilistische Konsistenz,
  - Lesbarkeit,
  - Konformität zu den Standards,
- Sachgerechtigkeit (*Conformance*),
- Durchführbarkeit (*Realizeability*).

Maße für diese Phase (vor allem aus den IEEE-Standards [193] und [194]) sind im folgenden beschrieben.

5.2.1 Vollständigkeitsmaße

Ein Vollständigkeitsmaß aus [194] lautet beispielsweise

$$CM = \sum_{i=1} 10 w_i D_i \tag{5.1}$$

mit $D_i = (B_i - M_i)/B_i$ sowie

M_1	ungenügend definierte Funktionen,	B_1	Gesamtzahl der definierten Funktionen,
M_2	Anzahl Datenreferenzen ohne Original,	B_2	Gesamtzahl der Datenrefenrenzen,
M_3	Anzahl definierter, nicht benutzter Funktionen	B_3	Gesamtzahl definierter Funktionen,
M_4	benutzte, nicht definierten Funktionen,	B_4	Gesamtzahl der benutzten Funktionen,
M_5	Anzahl Entscheidungen mit nicht vollständig nutzenden Optionen,	B_5	Gesamtzahl der Entscheidungen,
M_6	Anzahl nicht bearbeiteter Bedingungen	B_6	Gesamtzahl der Bedingungen,
M_7	Anzahl gerufener Unterprogramme mit nicht berechneten Parametern,	B_7	Anzahl Unterprogrammaufrufe,
M_8	Anzahl nicht gesetzter Bedingungsoptionen,	B_8	entspricht B_6,
M_9	Anzahl nicht verarbeiteter Bedingungsoptionen	B_9	Anzahl gesetzter Bedingungsoptionen,
M_{10}	entspricht B_5	B_{10}	entspricht B_2,

und w_i als Wichtungsfaktor.

5.2.2 Konformitätsmaße

Konformitätmaße bestimmen im allgemeinen den Anteil berücksichtigter Anforderungen aus der Ist-Zustandsanalyse in der Anforderungsspezifikation. Ein Beispiel (ebenfalls aus [194]) berechnet sich in der Form

$$TM = \frac{R1}{R2} * 100\ [\%] \tag{5.2}$$

mit $R1$ als Anzahl der in der Spezifikation enthaltenen Anforderungen und $R2$ als Anzahl der originalen (in der Ist-Zustandsanalyse befindlichen) Anforderungen;

5.2.3 Inkonsistenzmaße

Maße zur Inkonsistenz der Anforderungsanalyse betreffen die Qualität der formalen und inhaltlichen Verträglichkeit der Spezifikationskomponenten. Beispiele aus [193] sind

Inkonsistenz: als zusammengesetztes Maß der Form

$$Inkonsistenz = \frac{N_1}{N_1 + N_2 + N_3} * 100\ [\%] \qquad (5.3)$$

mit

N_1 – Anzahl der Elemente, die zu Inkonsistenzen führen,
N_2 – Anzahl der Elemente, die Unvollständikeit bewirken,
N_3 – Anzahl der Elemente, die zu Mißverständnissen führen;

Fehlerindex: als Fehlerrate im Verlauf der gesamten Software-Entwicklung in der Form

$$DI = \sum_i \frac{i * PI_i}{PS} \qquad (5.4)$$

mit

$$PI_i = W_1 \frac{S_i}{D_i} + W_2 \frac{M_i}{D_i} + W_3 \frac{T_i}{D_i} \qquad (5.5)$$

wobei gilt

D_i – Gesamtfehlerzahl während der i-ten Entwicklungsphase,
S_i – Anzahl schwerer Fehler,
M_i – Anzahl mittlerer Fehler,
PS – Größe des Software-Produktes in der i-ten Phase,
T_i – Anzahl trivialer Fehler,
W_j – Wichtungsfaktor für schwere ($j = 1$), mittlere ($j = 2$) und leichte ($j = 3$) Fehler.

5.2.4 Lesbarkeitsmaße

In der Phase der Anforderungsanalyse überwiegen zum Teil die textlichen Beschreibungen. Daher sind hierbei vor allem auch Lesbarkeitsmetriken, die zumeist die Einfachheit der Textdarstellung einschätzen ([80]), anzuwenden. Dabei geht i. a. darum, die Schwierigkeit eines Textes einzuschätzen. Das geschieht zumeist durch eine entsprechende Berücksichtigung

- besonders langer Silben bzw.
- sogenannter „schwieriger" Wörter (im Vergleich mit einer vorgegebenen Liste der als einfach einzuschätzenden).

Zwei konkrete Maße sind beispielsweise (aus [123] und [186] entnommen)

der Flesh-Kincaid-Index: berechnet sich nach der Formel

$$L = 0,39 * \frac{Wortzahl}{Satzzahl} + 11,8 * \frac{Silbenzahl}{Wortzahl} - 15,59 \qquad (5.6)$$

Die Koeffizentenvorgabe dient der Skalierung, die für die Werte 1-8 in normal, 9-12 in schwierig und 13-16 in sehr schwierig einordnet.

der Fog-Index: mit seiner Berechnung

$$F = 0,4 * (mittlere\ Satzlänge + Anzahl\ komplizierter\ Wörter) \qquad (5.7)$$

wobei sich die mittlere Satzlänge aus der Wortanzahl und der Satzanzahl eines ausgewählten Textausschnittes ergibt. Als sogenannte *komplizierte* Wörter werden die mit drei und mehr Silben eingestuft[2].

[2]Unter der Annahme, daß bei deutschem Text Wörter mit mehr als zwei Silben nahezu „die Regel" darstellen, wurde in [123] nach Experimenten ein Faktor für die Fog-Index-Berechnung von 0,25 ermittelt.

5.3 Spezifikations-Metriken

Auch in dieser Phase sind zumeist nur prognostizierende Aussagen zu treffen, deren „Maß" auch nur geschätzt bzw. aus Erfahrungen bisheriger Software-Entwicklungen „hochgerechnet" werden kann. Solch ein Schätzwert kann z.B. der Fehlererwartungswert für dynamische Systeme (siehe [133] und [134]) in einem Zeitintervall (0,t) mit der Fehlerrate $\lambda(t)$ zum Zeitpunkt t sein

$$\mu(t) = \int_0^t \lambda(s)ds, \tag{5.8}$$

der auch für Software-Produkte in der Planungsphase zur Anwendung kommen kann. Diese Schätzungen können auch die Zuverlässigkeit der Software überhaupt zum Gegenstand haben, deren Schätzwerte in den weiteren Software-Entwicklungsstufen qualifiziert werden (siehe auch [36], [387] und vor allem [274]).
Aus der Sicht der Praxis sollten Schätzverfahren folgenden Anforderungen genügen ([107], [339]):

- ▷ Die sich ergebenden Schätzwerte sollten eine hohe Zuverlässigkeit aufweisen.
- ▷ Der Anwender muß den Zusammenhang zwischen angebotener Leistung und (geschätztem) Aufwand erkennen können.
- ▷ Die Schätzmethode sollte einfach zu erlernen sein.
- ▷ Die Schätzung darf nur so wenig wie möglich zusätzlichen Aufwand erfordern.
- ▷ Die Schätzergebnisse sollten im Rahmen des Projektmanagement verwendbar sein.
- ▷ Die Schätzwerte müssen unabhängig von (möglichen) Veränderungen im Entwicklungsumfeld sein.
- ▷ Die jeweilige Schätzmethode sollte bereits in laufenden Entwicklungen einsetzbar sein.

▷ Die Schätzergebnisse unterschiedlicher Projekte sollten vergleichbar sein.

Allgemeine Schätzmethoden sind beispielsweise ([362])

- Analogiemethoden,
- Prozentsatzverfahren,
- Schätzgleichungsmethoden und
- Codierzeilen-Verfahren.

Die meisten Schätzverfahren gehen von dem Zusammenhang (siehe auch [15], [24] und [55])

$$T = a * Z^b \tag{5.9}$$

aus, wobei T für die geschätzte Entwicklungszeit, Z für die zu produzierenden Programmzeilen und a und b für spezielle Kennwerte je nach dem zu entwickelnden Softwaretyp stehen. Darüberhinaus ist das zugrundeliegende algorithmische Modell eine Einflußgröße. Stetter ([368]) unterscheidet in

- *lineare Modelle* der Form

$$T = a_0 + a_1 * Z_1 + ... + a_m * Z_m \tag{5.10}$$

- *multiplikative Modelle* mit dem Ansatz

$$T = a_0 * Z_1^{a_0} * ... * Z_m^{a_m} \tag{5.11}$$

- *allgemeine analytische Modelle* mit der Berechnungsform

$$T = f(Z_1, Z_2, ..., Z_m) \tag{5.12}$$

Im folgenden sollen einige Schätzmethoden bzw. Metriken näher beschrieben werden.

5.3.1 Die SLIM-Methode

Die SLIM (*Software-Lifecycle-Management*) – Methode wurde von Putnam ([303], siehe aber auch [203]) entwickelt und realisiert eine Aufwandschätzung für den Software-Lebenszyklus beginnend mit der Implementationsphase.
Die Software-Lebenskurve ergibt sich nach Putnam aus der Formel:

$$\dot{y} = \frac{K}{t_d^2} t e^{\frac{-t^2}{2t_d^2}} \tag{5.13}$$

wobei gilt
$\dot{y}$ – zum Zeitpunkt t notwendiger Aufwand in Mannjahren (MJ),
K – über die gesamte Lebensdauer notwendiger Aufwand in MJ,
t_d – Entwicklungsdauer in Jahren und
t – Zeitpunkt (in Jahren), für den $\dot{y}$ ermittelt werden soll.

Um den Realisierungsaufwand abzuschätzen leitet Putnam den Zusammenhang zwischen dem Aufwand K, der Entwicklungszeit t_d und dem sogenannten Entwicklungsstand (*State of Technology*) C_k in Form einer „Software-Gleichung"

$$S_s = C_k K^{\frac{1}{3}} t_d^{\frac{4}{3}} \tag{5.14}$$

her. Für C_k wurden beispielsweise die Werte 8 (für ein System mit vielen Interaktionen), 15 (für ein eigenständiges (*stand alone*) System)) und 27 (für ein Teilsystem) in einer konkreten Software-Umgebung (!) ermittelt. Mit einer (aus der Erfahrung gewonnenen) Aufwandsgröße kann somit nach den Entwicklungsjahren (t_d) die Systemgröße geschätzt werden. Andererseits liefert eine Umstellung der obigen Formel, beispielsweise in der Form

$$K = \frac{S_s^3}{C_k^3 t_d^4} \tag{5.15}$$

eine Abschätzungsmöglichkeit für den Realisierungsaufwand. Der graphische Verlauf dieser Beziehung sind die sogenannten Rayleigh-Kurven, deren Grundgedanke darin besteht, daß während der Projektentwicklung eine Reihe von Problemen zu lösen sind, deren Lösung letztlich Software „produziert".

Dieses Schätzverfahren ist allerdings nicht für Software-Entwicklungen geeignet, die einen ständig hohen Wartungsaufwand besitzen. Eine Alternative ist z. B. in [289] angegeben.

5.3.2 Die Albrechts-Metrik

Die nach seinem Erfinder benannte Metrik wurde 1979 bei IBM entwickelt ([7],[8], siehe auch [256]) und trägt darüber hinaus den z.T. bekannteren Namen Function-Point-Verfahren (*Function Points*). Die Grundidee besteht nach [107] darin, daß

- der fachliche Inhalt eines Projektes in wenigen „Grundfunktionen" oder „Geschäftsvorfällen" nach einfachen Regeln dargestellt wird,
- diese „Grundfunktionen" entsprechend einer einheitlichen Skala drei Schwierigkeitsstufen zugeordnet werden,
- die Schwierigkeitsstufen mit den „Function Points" bewertet werden und
- die Summe der „Function Points" entsprechend den projektspezifischen Qualitätsanforderungen gewichtet wird.

Die Function Points berechnen sich dabei in der folgenden Form

Merkmal	**Kriterium**			
	einfach	*mittel*	*komplex*	*Total*
Eingaben	... * 3 = ...	... * 4 = ...	... * 6 = ...	...
Ausgaben	... * 4 = ...	... * 5 = ...	... * 7 = ...	...
projektbezogene Datenbestände	... * 7 = ...	... * 10 = ...	... * 15 = ...	...
externe Datenbestände	... * 5 = ...	... * 7 = ...	... * 10 = ...	...
Abfragen	... * 3 = ...	... * 4 = ...	... * 6 = ...	...
Ungewichtete Function Points (UFP) insgesamt				...

Bewertet wird somit jede Funktionskomponente eines (i.a. Top-Down-) Entwurfs, wobei die Entscheidung bezüglich „einfach", „mittel" oder „komplex" gemäß [107] wie folgt vorgenommen wird

- Eingaben
  - Anzahl unterschiedlicher Datenelemente (einfach (e): 1-5 ; mittel (m): 6-10; komplex (k): > 10),
  - Eingabeprüfung (e: formal; m: formal logisch; k: formal logisch mit Dateizugriff),
  - Anspruch an Bedienführung (e: intern, operative Ebene; m: intern, Management-Ebene; k: extern);
- Ausgaben
  - Bildschirme/ Formulare: Anzahl unterschiedlicher Datenelemente (e: 1-6; m: 7-15; k: > 15),
  - Listen:
    - Anzahl unterschiedlicher Zeilen (e: 1-2; m: 3-6; k: > 6)
    - Anzahl unterschiedlicher Spalten (e: 1-6; m: 7-15, k: > 15),
  - Anzahl Gruppenwechsel/ hierarchische Summen (e: 1; m: 2-3 ; k: > 3);
- projektbezogene Datenbestände
  - Anzahl benutzter Datenelemente (Felder, Attribute) (e: 1-20; m: 21-40; k: > 40),
  - Anzahl der
    - Schlüssel (e: sequentiell; m: indexsequentiell) oder
    - Relationen (e: 1; m: 1-5; k: > 5),
  - vorhandene Datengruppe bleibt in der Struktur unverändert (e: ja; m: nein);

- externe Datenbestände
  - Anzahl benutzter Datenfelder (e: 1-10; m: 11-20; k: > 20),
  - Anzahl der Schlüssel oder Relationen (e: 1-2; m: > 2),
  - Standardzugriffsroutinen vorhanden (e: ja; m: nein);
- Abfragen
  - Anzahl der Elemente des Sektionsbegriffs (e: 1; m: 2; k: > 2),
  - Anzahl unterschiedlicher Datenelemente (e: 1-10; m:11-25; k: > 25).

Dabei gilt stets, daß, wenn ein Merkmal das Kriterium „komplex" aufweist, die gesamte Merkmalscharakteristik mit „komplex" einzustufen ist. Neben dieser Function-Points-Zahl wird eine Bewertung der qualitativen Anforderungen (ID) (als *Degree of Influence* (DI)) vorgenommen. Ihre Berechnung zeigt die folgende Tabelle:

ID	Charakteristik	DI	ID	Charakteristik	DI
C1	Datenkommunikation	...	C8	On-line Änderung	...
C2	verteilte Verarbeitung	...	C9	komplexe Verarbeitung	...
C3	Performance-Anfordgn.	...	C10	Wiederverwendbarkeit	...
C4	schwer handhabbare Konfiguration	...	C11	Einfachheit der Installation	...
C5	Transaktionsrate	...	C12	operationale Einfachheit	...
C6	On-line Dateneingabe	...	C13	externe Einbindung	...
C7	Benutzeroberfläche	...	C14	Änderungsfreundlichkeit	...
				DI insgesamt	...

Für DI sind dabei die Werte 0 (keinen Einfluß), 1 (unbedeutenden Einfluß), 2 (geringen Einfluß), 3 (durchschnittlichen Einfluß), 4 (signifikanten Einfluß) und 5 (starken Einfluß) anzugeben. Je nach Entwicklungsumgebung können diese DI-Werte auch modifiziert werden (siehe auch [107]). Die qualitativen Anforderungen werden nach der Formel als „Technischen Komplexitätsfaktor" (TCF) berechnet zu

$$TCF = 0,65 + 0,01 * DI \tag{5.16}$$

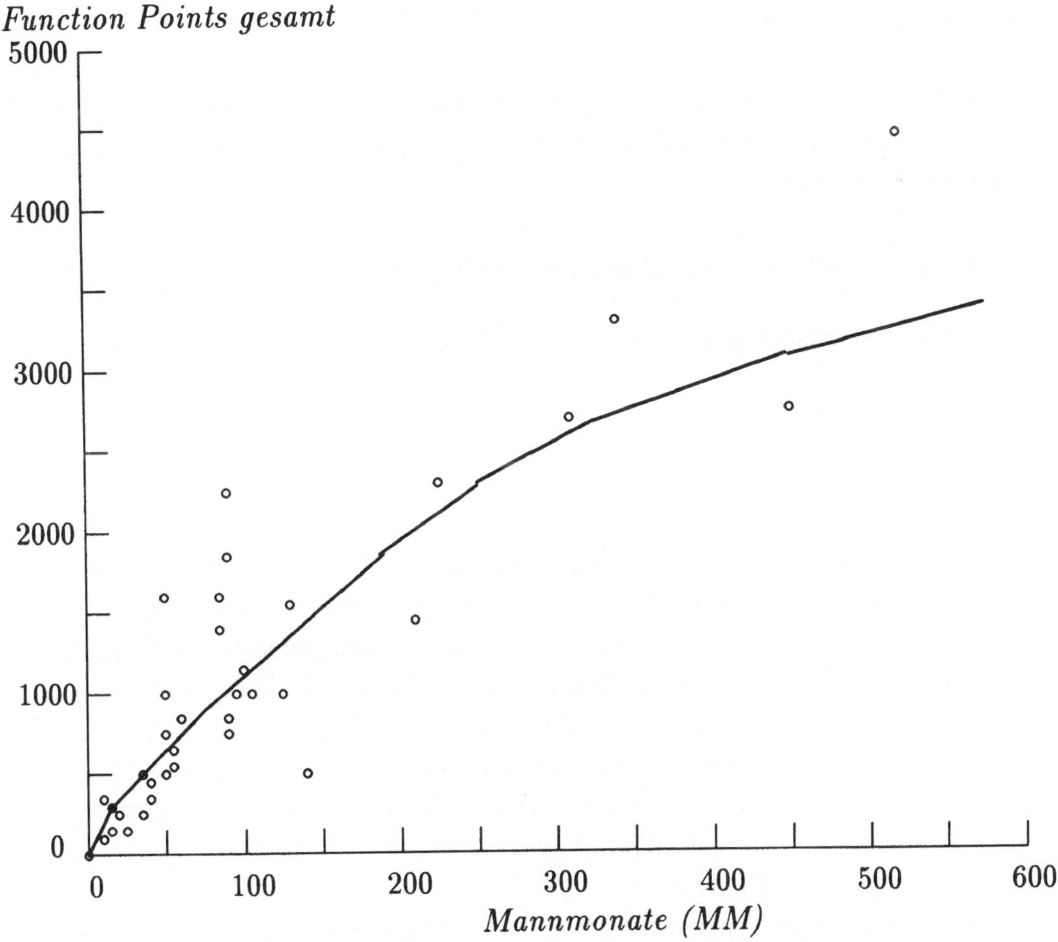

Abbildung 5.1: Function-Point-Kurve

und die Function Points (FP's) insgesamt ergeben sich schließlich aus

$$FP's = UFP * TCF. \tag{5.17}$$

Für eine Reihe von Projekten wurden bei IBM bereits diese Function Points ermittelt und ergaben die in der Abb. 5.1 gezeigten Werte.

Bei einer ermittelten FP-Anzahl kann somit diese Kurve benutzt werden, um die zu erwartenden Mannmonate als Aufwand abzuschätzen. Andererseits kann durch ständiges Einbringen der ermittelten FP's im eigenen Software-Entwicklungsbereich in diese Abbildung und der ständigen Interpolation der Kurve eine stete Angleichung an die Charakteristika der eigenen Firma erreicht werden.

Zum Function-Point-Verfahren gibt es zahlreiche Modifikationen, wie z.B. nach [38] die Berücksichtigung bei der qualitativen Bewertung solcher Einflußgrößen, wie

- den jeweils neu zu schreibenden Code,
- den jeweils zu modifizierenden Code,
- der durch Generierung erzeugten Code und
- dem Testniveau,

oder nach [372] die datenorientierte Sicht, die zu einer sogenannten MARK II Function Point - Methode führt. Wesentlich hierbei ist, daß die Software-Kostenschätzung *entwicklungsteam-abhängig* bestimmt wird. Eine Variante der Function-Point-Methode - insbesondere für Real-Time-Software, CAD-Systeme, eingebettete Systeme u. ä. - lautet *Feature Points* und besitzt andere Einflußgrößen für die Function-Point-Wichtung. Eine weitere Modifikation mit der Sicht auf die Datenobjekte ist die Software-Aufwandsschätzung als DATA-POINTS von Sneed ([359]).
In weiteren Arbeiten wurde die Function-Point-Metrik hinsichtlich verschiedener Programmiersprachen (PL/1, COBOL, FOCUS usw.), hinsichtlich verschiedener Projektarten (batch, on-line, time-sharing) untersucht ([38]), sowie mit dem LOC-Maß ([233]) und der sogenannten Halstead-Metrik ([8]) verglichen (erwähnte Maße: siehe Abschnitt 5.5). Auch in der industriellen Anwendung ist die Albrechts-Metrik relativ weit verbreitet ([103]).

5.3.3 Die Bang-Metrik von DeMarco

Wie in den vorangegangenen Methoden handelt es sich auch hierbei um eine *Schätzmethode.* DeMarco fordert zur erfolgreichen Anwendung von Schätzmethoden ein eigenständiges *Schätzteam.* Diese Schätzer sollten in folgender Weise eingesetzt werden ([111]):

- Trennung der Schätzaufgabe von der übrigen Entwicklung,
- Schaffung eigener Motivationsanreize für den Schätzer,
- Zuweisung einer eigenen Rolle für den Schätzer,
- Verantwortlichkeit des Schätzers für das Messen,
- Trennung von Entwicklung und Test.

Die Bang-Metrik (siehe [111]; auch in [350] kurz beschrieben) bezieht sich auf

□ das *Spezifikationsmodell* mit seinen drei Komponenten

  - dem Funktionsraum (im Datenflußdiagramm dargestellt),
  - dem Informationsraum (im Entity-Relationship-Diagramm repräsentiert) und
  - dem Zustandsraum (im Zustands-Transitions-Diagramm dargestellt);

  die aus der zugrunde gelegten Entwicklungsmethode Structured-Analysis(SA)-Methode (siehe Abschnitt 3.2.1) resultieren, und den sechs Grundelementen in der Form

Zerlegungsmethode	*zerlegt*	*in die Grundelemente*
Funktionsnetzwerk	Systemanforderung	Funktionselemente
Datenverzeichnis	Systemdaten	Datenelemente
Objektdiagramm	gespeicherte Daten	Objekte
Objektdiagramm	gespeicherte Daten	Beziehungen
Zustandsdiagramm	Kontrolleigenschaften	Zustände
Zustandsdiagramm	Kontrolleigenschaften	Übergänge

- das *Entwurfsmodell* (vor allem als *Structure Charts* dargestellt), in dem insbesondere der Entwurfsumfang (*Design Weight*) bestimmt wird und speziell Modulmaße im Vordergrund stehen und

- das *Implementationsmodell* in dem vor allem Code-Maße Anwendung finden.

Bang ist hierbei eine von der Implementation für die Systemgröße unabhängige *Funktionskennzahl*. Für die Berechnung dieser Bang-Kennzahl sind zwölf Grundlemente zu bestimmen (aus [111]):

FP	Anzahl der Funktionselemente innerhalb der Mensch-Maschine-Schnittstelle,
FPM	Anzahl der modifizierten manuellen Funktionselemente,
DE	Anzahl aller Datenelemente, die auf oder innerhalb der Mensch-Maschinen-Schnittstelle liegen,
DEI	Anzahl der Eingabedatenelemente, die von manuellen zu automatisierten Grundelementen übergehen,
DEO	Anzahl der Eingabedatenelemente, die von automatisierten zu manuellen Grundelementen gehen,
DER	Anzahl der Datenelemente, die in automatisierter Form gespeichert werden,
OB	Anzahl der Objekte im Modell gespeicherter Daten (nur der automatisierte Teil),
RE	Anzahl der Beziehungen im Modell gespeicherter Daten (nur der automatisierte Teil),
ST	Anzahl der Zustände im Zustandsmodell,
TR	Anzahl der Übergänge im Zustandsmodell,
TC_i	Anzahl der Dateneinheiten der Schnittstelle des i-ten Funktionselements (wird für jedes Grundelement ausgewertet; eine Dateneinheit ist ein Datenelement, das innerhalb des Grundelements nicht mehr zerlegt werden muß) und
RE_i	Anzahl der Beziehungen, in denen das i-te Objekt des Modells gespeicherter Daten beteiligt ist (wird für jedes Objekt ausgewertet)

DeMarco schlägt jedoch keine gewichtete Summe aller dieser Größen vor, sondern eine spezifikationsbezogene Auslegung. Er ermittelte bei-

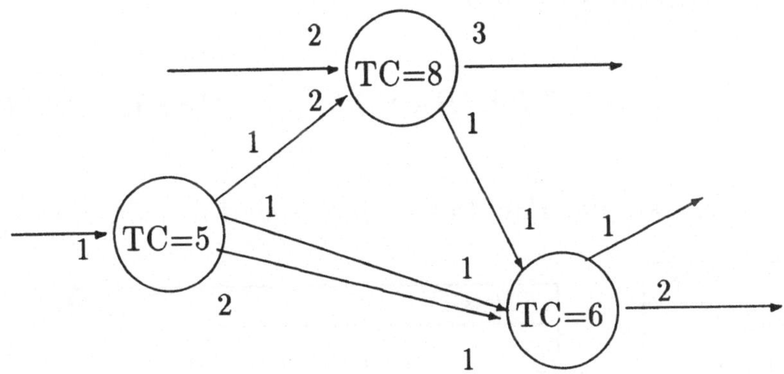

Abbildung 5.2: Beispiel einer Systemdarstellung mit drei Funktionselementen

spielsweise, daß je nach Spezifikationsansatz gilt

$$\frac{RE}{FP} < 0,7 \text{ für funktionsorientiert} \tag{5.18}$$

und

$$\frac{RE}{FP} > 1,5 \text{ für datenorientiert.} \tag{5.19}$$

Dazwischenliegende Werte charakterisieren hybride Systeme. Andererseits charakterisiert das Verhältnis DEO/FP die Größe der Datenbewegungen in einem System und ist bei kommerziellen Projekten wesentlich größer als bei wissenschaftlichen Berechnungen.
Als Maß für eine gleichförmige Zerlegung in der Systemdarstellung ist die durchschnittliche Anzahl der Dateneinheiten an einer Schnittstelle (TC_{avg}: *token count average*), der sich wie folgt berechnet

$$TC_{avg} = \frac{\sum TC_i}{FP}. \tag{5.20}$$

Für das in Abb. 5.2 gegebene System lautet dieser Wert
$TC_{avg} = \frac{5+8+6}{3} = 6,33$.

Die eigentliche Berechnung der Bang-Kennzahl erfolgt für die oben genannten Systemarten wie folgt.

funktionsorientierte Systeme:

$$FUNCTIONBANG = \sum_{i=1}^{n} \alpha_j CFPI_i \qquad (5.21)$$

mit n als Anzahl der Funktionselemente und den Zuordnungen

TC_i	$CFPI_i$
2	1,0
3	2,4
4	4,0
5	5,8
6	7,8
7	9,8
8	12,0
9	14,3
10	16,6
11	19,0
12	21,5
13	24,1
14	26,7
15	29,3
16	32,0
17	34,7
18	37,6
19	40,4
20	43,2

$Klasse_j$	$Gewichtung\ (\alpha_j)$
Trennung	0,6
Zusammenführung	0,6
Datenumleitung	0,3
einfache Zuweisung	0,5
Speicherverwaltung	1,0
Editieren	0,8
Verifikation	1,0
Textmanipulation	1,0
Synchronisation	1,5
Ausgabeerzeugung	1,0
Darstellung	1,8
tabellarische Auswertung	1,0
Arithmetik	0,7
Initialisierung	1,0
Berechnung	2,0
Geräteverwaltung	2,5

die α_i und die $CFPI_i$ (Corrected Function Parts Inkrement) sind dabei entwicklungsumgebungsabhängig zu bestimmen;

datenorientierte Systeme:

$$DATABANG = \sum_{i=1}^{m} COBI_i \qquad (5.22)$$

mit m als Anzahl der Objekte und der Zuordnung

RE_i	1	2	3	4	5	6
$COBI_i$	1,0	2,3	4,0	5,8	7,8	9,8

die $COBI_i$ (*Count of OBjects Inkrement*) sind ebenfalls in der jeweiligen Entwicklungsumgebung zu bestimmen und stellen hierbei gewissermaßen eine erste Näherung dar.

Die erhaltenen Kennzahlen *FUNCTIONBANG* und *DATABANG* dienen der Charakterisierung des Spezifikationsmodells. Für das Entwicklungsmodell schlägt DeMarco als Ausgangskennzahlen die folgenden vor

- MO Anzahl der Module,
- CO Anzahl normaler Datenschnittstellen zwischen zwei Modulen,
- DA_i Anzahl der Datenobjekte, die explizit über normale Datenschnittstellen mit einem anderen Modul i ausgetauscht werden,
- SW_i Anzahl der Steuervariablen, die über normale Datenschnittstellen gemeinsam verwendet werden,
- EN Anzahl der eingekapselten Datengruppen im Entwurfsmodell,
- EW_i Wert für die Einkapselungsbreite der Datengruppe i (Breite: Anzahl der auf die Gruppe zugreifenden Module),
- ED_i Wert für die Einkapselungstiefe der Datengruppe i (Tiefe: Anzahl der Datenelemente in der Gruppe),
- PA Anzahl der pathologischen Datenschnittstellen (als intermodularer Aufruf auf eine interne Marke des anderen Moduls),
- PD_i Anzahl pathologischer Datenobjekte, die auch im Modul i vertreten sind und
- PS_i Anzahl pathologischer Steuervariablen, die auch im Modul i vertreten sind.

Darauf aufbauend lauten die Entwurfskennzahlen

$$Entwurfsumfang = \sum Modulumfang_i \tag{5.23}$$

und

$$Entwurfsqualität = \frac{erwartete\ Entscheidungsanzahl}{tatsächliche\ Entscheidungsanzahl} \tag{5.24}$$

Die Schätzung der Entscheidungsanzahl resultiert aus der Annahme, daß sich die interne Struktur eines Moduls *isomorph* zur Datenstruktur an den Modulschnittstellen verhält. Der Umfang eines Moduls wird aus der Anzahl der Datenobjekte der Schnittstelle des Moduls und der vorhergesagten Entscheidungsanzahl bestimmt.
Für die Bewertung des Implementationsmodells schlägt DeMarco schließlich solche Kennzahlen, wie

- *Chump-Kennzahl*: als binäre Bewertung hinsichtlich der Implementation in Assembler oder nicht,
- *Codevolumen*: nach Halstead (s.u.: Code-Metriken),
- *Codekomplexität*: nach McCabe und Chen (s.u.),
- *Codeübereinstimmung*: auf der Basis der sogenannten Compilierungsrate,
- *Testfortschritt*: als Anzahl erwarteter und tatsächlich gefundener Fehler bzw. Anzahl nichtdurchlaufener Programmzweige,
- *Versionsquantifizierung*: durch die Gegenüberstellung des Implementationsumfangs der Version zum Gesamtsystem.

Wesentlich bei der Anwendung der Metriken nach DeMarco ist, daß sie stets – als Schätzwert – zu Beginn einer Entwicklungsphase bestimmt werden und jeweils – am Ende der Phase hinsichtlich ihres tätsächlichen Wertes korrigiert und dokumentiert werden. Damit ist es dann möglich, das Metriksystem selbst stets der eigenen Entwicklungsumgebung besser anzupassen und für die Nutzung ständig zu qualifizieren.
Für ein kleines Projekt wurde die Bang-Metrik in ([33]) angewendet und ergab als DATA-Bang und Entwurfsumfang folgende Relationen

Kennzahl	*Wert*	*Aufwand (in Mannmonate)*
DATA-Bang	11,6	0,75
Entwurfsumfang	50,9	2

Ein DATA-Bang-Wert von 100 entspricht also bei dieser einmaligen Berechnung einem Zeitmaß von 6,5 Mannmonaten. Dieser Wert ist natürlich nicht repräsentativ, zeigt aber den ungefähren Wertebereich. Es zeigte sich allerdings bei dieser einfachen Anwendung, daß die von DeMarco vorgeschlagenen Einordnungstabellen bereits überschritten wurden. Im Gegensatz zur Albrechts-Metrik ist die Bang-Metrik noch wenig verbreitet ([206]). Eine erste mögliche Einordnung in CASE-Tools ist in [265] beschrieben.

5.3.4 Das COCOMO-Modell von Boehm

Das COCOMO-(*COnstructive COst MOdel*)-Modell ([51]) dient der Abschätzung der Software-Kosten in Form einer Entwicklungszeitschätzung in Mann-Monate (die Projektwartung ausgenommen). Die Schätzformel ist dabei den verschiedenen Klassen von Software-Projekten entsprechend ausgerichtet. Es werden dabei je nach der Entwicklungskomplexität bzw. -schwierigkeit in einfache, mittlere und komplexe Projekte unterschieden. Ausgangswert für die Schätzung ist die Angabe (als Schätzung) der Codezeilen als KDSI (*Kilo Delivered Source Instruction*) insgesamt. Dann berechnet sich der Personalaufwand (*Personal Month* (PM)) in Mann-Monate (MM) zu

$$einfach : PM = 2,4 * (KDSI)^{1,05}[MM] \tag{5.25}$$

$$mittel : PM = 3,0 * (KDSI)^{1,12}[MM] \tag{5.26}$$

$$komplex : PM = 3,6 * (KDSI)^{1,20}[MM] \tag{5.27}$$

Auf diesem PM-Wert basierend ist dann die Entwicklungszeitschätzung in der Form

$$einfach : TDEV = 2,5 * (PM)^{0,38}[Monate] \tag{5.28}$$

$$mittel : TDEV = 2,5 * (PM)^{0,35}[Monate] \tag{5.29}$$

$$komplex : TDEV = 2,5 * (PM)^{0,32}[Monate] \tag{5.30}$$

(TDEV als *Time of DEVelopment*) realisierbar. Die erforderliche Anzahl an Programmierern (N) ergibt sich schließlich aus

$$N = \frac{PM}{TDEV}, \tag{5.31}$$

wenn man einen Monat Entwicklungszeit zugrundelegt. Eine weitere Qualifizierung des in der Formel 5.25 erhaltenen Wertes ergibt sich durch die Multiplikation mit weiteren Einflußfaktoren (bzw. Attributen). Die jeweiligen Einflußgrößen sind

1. Produktattribute

   RELY: geforderte Zuverlässigkeit der Software,

   DATA: Größe der Datenbasis,

   CPLX: Komplexität des Produktes,

2. Rechnereigenschaften

   TIME: benötigte Rechenzeit,

   STOR: benötigter Speicherplatz,

   VIRT: Systemänderungen,

   TURN: Zugang,

3. Erfahrungen des Personals

   ACAP: Fähigkeit zur Analyse,

   AEXP: Anwendungserfahrungen,

   PCAP: Programmierfähigkeit,

   VEXP: Erfahrung mit dem System,

   LEXP: Erfahrungen mit der Programmiersprache,

4. Projekteigenschaften

   MODP: moderne Programmierpraktiken,

   TOOL: Anwendung von Software-Tools,

   SCED: erforderliche Entwicklungszeit.

Die Auswahl genau dieser Attribute ist eine Spezifik des Boehmschen COCOMO-Modells. Die Wichtung dieser Einflußgrößen (in der folgenden Tabelle angegeben) eine andere. Dabei bedeutet *sn* (sehr niedrig), *n* (niedrig), *m* (mittel), *h* (hoch), *sh* (sehr hoch) und *ah* (außerordentlich hoch).

Attribut	*Bewertung*					
	sn	*n*	*m*	*h*	*sh*	*ah*
RELY	0,75	0,88	1,00	1,15	1,40	—
DATA	—	0,94	1,00	1,08	1,16	—
CPLX	0,70	0,85	1,00	1,15	1,30	1,65
TIME	—	—	1,00	1,11	1,30	1,66
STOR	—	—	1,00	1,06	1,21	1,56
VIRT	—	0,87	1,00	1,15	1,30	—
TURN	—	0,87	1,00	1,07	1,15	—
ACAP	1,46	1,19	1,00	0,86	0,71	—
AEXP	1,29	1,13	1,00	0,91	0,82	—
PCAP	1,42	1,17	1,00	0,86	0,70	—
VEXP	1,21	1,10	1,00	0,90	—	—
LEXP	1,14	1,07	1,00	0,95	—	—
MODP	1,24	1,10	1,00	0,91	0,82	—
TOOL	1,24	1,10	1,00	0,91	0,83	—
SCED	1,23	1,08	1,00	1,04	1,10	—

Je nach Gegebenheit wird jeweils ein Wert dieser 15 Eigenschaften ausgewählt und sämtlichst mit dem in Formel 5.25 erhaltenen Wert multipliziert. Bezeichnet man mit a_i das jeweilige Attribut, so erhält die Formel 5.25 die allgemeine Form

$$PM = c\,(KDSI)^b * a_1 a_2 \ldots a_{15}. \tag{5.32}$$

Somit wird die erste grobe Schätzung durch die Berücksichtigung weiterer Einflußgrößen qualifiziert. In [52] sind diese Einflußgrößen weiter untersetzt bzw. auf ihre Bedeutung hinsichtlich moderner Entwicklungsmethoden und -werkzeuge untersucht ([217]). Eine kritische Betrachtung des KDSI-Faktors für die jeweilige Programmiersprache (hinsichtlich imperativer und deskriptiver Befehle (Zeilen)) oder aber auch für Jobsteueranweisungen ist in [259] gegeben. Eine Modifikation von COCOMO als **TUCOMO** (*TUnisian coCOMO*, siehe [242]) transformiert die Einflußgrößen von COCOMO in eine neue (die eigene) Entwicklungsumgebung.

5.3.5 Zwei Schätzmaße von DOD

Die folgenden Schätzmaße von DOD (*Department of Defensive*) wurden vom RADC (*Rome Air Development Center*) in Base (USA) entwickelt und von Cavano in [77] publiziert. Das erste Maß – RFOM-Zahl (Reliability Figure-Of-Merit) – schätz die zu erwartende Zuverlässigkeit ab und wird wie folgt berechnet:

$$RFOM = A * O * S \tag{5.33}$$

wobei gilt
$S = S1 * S2$
$S1 = SA * ST * SQ$
$S2 = SL * SS * SM * SU * SX * SR$
und schließlich

A	Anwendungstyp,
O	Entwicklungstyp,
SA	Management-Anomalien,
ST	Trace-Resultate,
SQ	Review-Ergebnisse,
SL	Sprachtyp,
SS	Programmgröße,
SM	Modularität,
SU	Wiederverwendungsanteil,
SX	Komplexität,
SR	Standardreview-Ergebnisse

darstellen. Die zweite Maßzahl ist eine Präzisierung der Zuverlässigkeitsschätzung in der Implementationsphase und lautet REN (Reliability Estimation Number). REN wird aus den Größen

F	Fehlerrate beim Testen
TE	Testaufwand
TM	Testmethode
TC	Testniveau
T	$TE * TM * TC$

in der Form

$$REN = F * T \tag{5.34}$$

berechnet. Für die jeweiligen Teilwerte sind Wertebereiche vorgegeben, wie z.B. $SL = 1,4$ für Assembler und $SL = 1,0$ für höhere Programmiersprachen und $F \leq 0,001$ für militärische Projekte, die eine exakte Bestimmung der beschriebenen Kennzahlen ermöglichen.

5.3.6 Zwei Schätzmaße der NASA

Im Rahmen des Software-Engineering-Labors (*SEL*) der NASA wurden unter anderem die beiden Schätzmaße für die Produktivität der Entwicklung und der Zuverlässigkeit des entwickelten Software-Produktes aufgestellt ([73]). Ihre Berechnung lautet im einzelnen

- *Projektentwicklungs-Produktivität*

$$P_{ij} = \alpha_i + \beta X_{ij} + \gamma Y_{ij} + \epsilon_{ij} \tag{5.35}$$

mit

P_{ij}: Produktivität des Projektes j mit der Entwicklungstechnologie i, wobei $i = 1$ für eine einfache Technologie und $i = 2$ für eine „höhere" (bessere) Technologie beträgt,

α_i: Technologiekennziffer,

β, γ: Konstante (Wichtungsfaktoren),

X_{ij}: Programmierereffektivität bezogen auf das Projekt j mit dem Technologieniveau i,

Y_{ij}: Rechneranwendung des Projektes j mit der Entwicklungstechnologie i,

ϵ_{ij}: Fehler pro Produkteinheit (nicht näher spezifiziert).

- *Projektentwicklungs-Zuverlässigkeit*

$$R_{ij} = \alpha_i + \beta X_{ij} + \gamma Z_{ij} + \epsilon_{ij} \tag{5.36}$$

mit Z_{ij} als Datenkomplexität des Projektes j mit der Entwicklungstechnologie i.

Zur Software-Entwicklungsproduktivität sind ebenfalls in [2] und [395] Schätzmaße beschrieben.

5.3.7 Eine Schätzformel für den Personalaufwand

Als komplexes Maß zur Abschätzung des benötigten Personalaufwandes definiert Vollmann in [390] diesen Aufwand A als

$$A = M * N * O * P * Q \tag{5.37}$$

wobei A in *Mannmonaten* bestimmt wird. Dabei bedeuten

M: die Menge in Punkten (als modifiziertes Function Point),

N: der Normierungsfaktor (z.B. 20 Tage/Monat) für die reale Arbeitszeit eines Monats,

O: der Organisationsfaktor mit der unten angegebenen Berechnungsformel,

P: der Produktivitätsfaktor (Mannmonate pro (obige) Punkte) und

Q: der Qualitätsfaktor (z.B. konstruktive Qualität oder „Testqualität").

In der Größe O sind die vielfältigen Einflüsse bei der Programmierung erfaßt. Sie berechnet sich daher nach [390] aus

$$\begin{aligned} O \;=\; & \frac{1}{2} * (1 + H + K * \left(\frac{G-1}{GM}\right)^2 + KD + R * (B + A) \\ & + U + E * F + W * F * T + X + N + P) \\ & * \left(1 + \frac{1}{G} + \frac{1}{GM}\right) \end{aligned} \tag{5.38}$$

mit den Größen

H - (hierarchisch bewerteter) Grundaufwand der Organisation,
K - Aufschlagskonstante für den Kommunikationsaufwand,
G - Anzahl der am Projekt beteiligten Mitarbeiter,
GM - optimale Projektgröße für die jeweilige Organisationsform,
KD - direkte Einwirkung des Auftraggebers auf Projektmitarbeiter
R - Arbeitszeitanteil am Rechner,
A - Beeinträchtigung durch Rechnerausfälle,
B - Zugriffsbehinderungen zum Rechner,
U - Behinderung durch schlechte Arbeitsplatzbedingungen,
E - Einarbeitungsdauer,
W - Wichtigkeit von projektbezogenem Zusammenhangswissen,
F - Fluktuationsrate im Projekt,
T - Projektdauer in Jahren,
X - „Ausschußquote",
N - Planungsreserven und
P - Personalreserve.

Der genaue Wertebreich für die einzelnen Größen ist in [390] angegeben. Hier sollte vor allem die Verschiedenartigkeit der Einflußgrößen aufgezeigt werden.

Weitere Metriken in dieser Software-Entwicklungsphase beziehen sich beispielsweise auf formale Spezifikationssprachen, wie RSL ([307]), HOL ([156]) und OBJ ([350]), bzw. versuchen weitere Aspekte zu erfassen (siehe [50], [98], [111], [127], [193], [194], [206] und [214]).

5.4 Design-Metriken

Design-Metriken beziehen sich auf den Systementwurf und damit vor allem auf die Architektur bzw. Struktur des Software-Systems ([35]). Daher kommen hierbei vor allem Algorithmen- und Architekturmaße ([326]) zur Anwendung. Die Grundidee ist dabei zumeist eine Modulstruktur ([158]). Es geht vor allem darum, die hohe Vielfalt bzw. Komplexität des Problems durch solche Aktivitäten, wie Abstraktion, Partitionierung, Generalisation und Projektion ([86], [246]) zu beherrschen. Shepperd klassifiziert die Design-Metriken in [350] und [351], die ausschließlich Komplexitätsmaße darstellen, wie folgt:

Intra-modulare Metriken: die die Komplexität innerhalb eines Moduls bestimmen und beispielsweise auch durch Code-Metriken realisiert werden können (siehe Abschnitt 5.5),

Inter-modulare Metriken: die die Komplexität zwischen den Modulen – also der Modulstruktur – bestimmen und

Inter- und intra-modulare Metriken: die die Komplexität des gesamten Systems – also sowohl der Modulstruktur als auch der Module selbst – berechnen.

Im folgenden soll auf konkrete Design-Metriken kurz eingegangen werden.

5.4.1 Die Henry-Kafura-Metrik

Diese Metrik wurde bereits 1981 an der Iowa Universität entwickelt ([181], [182] und [210]) und hat als Kernaussage die Einschätzung, daß die Komplexität einer Modulstruktur von der Anzahl der Importe (als Anzahl der Aufrufe von anderen Moduln) (*fan-in's*) und Exporte (als Anzahl der Modulaufrufe) (*fan-out's*) abhängt – und zwar proportional

$$(\mathit{fan\text{-}in} * \mathit{fan\text{-}out})^2 \qquad (5.39)$$

ist. Für das jeweilige Modul selbst wird als Längenmaß die Anzahl der Quellcodezeilen bestimmt, sodaß die Komplexität sich insgesamt ergibt aus

$$\mathit{length} * (\mathit{fan\text{-}in} * \mathit{fan\text{-}out})^2. \qquad (5.40)$$

Dieses Maß gibt Aussagen zu (siehe auch [279])

1. Mängeln in der Funktionalität (bei zu vielen „fan-in – fan-out's"),
2. sogenannten „Streßpunkten" im System und zur
3. unzureichenden Verfeinerung des Entwurfs.

Die Metrik wurde zur Analyse der Unix-Tools verwendet. Eine weitere Anwendung dieser Metrik ist in [216] beschrieben.

5.4.2 Die Chapin-Metrik

Die Chapin-Metrik (auch Q-Metrik genannt und bereits 1979 entwickelt ([78], [350])) unterscheidet nicht nur in Exporte und Importe beim Modul, sondern verfeinert in folgender Weise:

P : für den Prozeß notwendige Inputs,

M : Inputs, die durch Modulabarbeitung modifiziert werden,

C : Inputs, die Entscheidungen oder Verzweigungen hervorrufen und

T : unverändert durchlaufende Daten.

Danach ergibt sich die Modulkomplexität zu

$$Q_m = (3C_m + 2M_m + P_m + 0.5T_m) * (1 + \left(\frac{E}{3}\right)^2) \qquad (5.41)$$

mit E als Ausdruck für intramodulare Verbindungen.

5.4.3 Die Qualitätsmaße von Troy/Zweben

Die Bewertung der Entwurfsqualität von Troy und Zweben 1981 ([380]) basieren auf der Dekomposition der Qualitätsmerkmale

- Modulkopplung,

- Modulbindung,
- Komplexität,
- Modularität und
- Umfang.

Mit der Bezeichnung „Box" für einen Modul definieren sie als Basiskennzahlen

X1: maximale Verbindungsanzahl pro Box,

X2: durchschnittliche Verbindungsanzahl pro Box,

X3: Gesamtzahl der Verbindungen pro Box,

X4: Anzahl der Boxen, die eine gemeinsame Verbindung haben,

X5: Anzahl einheitlicher Verbindungen in einem Strukturdiagramm,

X6: Anzahl der Boxen, die durch Steuerungsabläufe verbunden sind,

X7: Anzahl der Boxen, die durch Steuerungen verbunden sind (ohne OK/FAIL),

X8: Anzahl der im Entwurfsdokument aufgelisteten Ausnahmezustände,

X9: Anzahl der Ausnahmezustände (außer E/A-Fehler),

X10: maximale Pfade im Strukturdiagramm,

X11: maximale fan-in's im Strukturdiagramm,

X12: durchschnittliche fan-in's im Strukturdiagramm,

X13: maximale fan-out's einer Box im Entwurf,

X14: durchschnittliche fan-out's im Strukturdiagramm,

X15: Gesamtzahl der Boxen im Strukturdiagramm,

X16: Anzahl möglicher Rückgabewerte,

X17: Anzahl der Entscheidungen im Strukturdiagramm,

X18: Anzahl der Schleifen im Strukturdiagramm,

X19: Anzahl der Verbindungen zur Top-Box,

X20: Anzahl der Datenstrukturverbindungen zur Top-Box,

X21: Anzahl einfacher (nicht datenbezogener) Verbindungen zur Top-Box.

Damit bewerten Troy und Zweben die obigen Merkmale durch folgende Zuordnung der Basiskennzahlen

Kopplung	*Bindung*	*Komplexität*	*Modularität*	*Umfang*
X1	X8	X10	X10	X10
X2	X9	X13	X13	X15
X3	X11	X14	X14	
X4	X12	X15	X15	
X5	X16	X17		
X6		X18		
X7				
X19				
X20				
X21				

Die eigentliche Werte werden durch eine schrittweise Regressionsanalyse bestimmt.

5.4.4 Die Entwurfsmaße von Balzert

Balzert entiwckelte 1981 Maße zur Bewertung von Modulstrukturen in Form von Baumgraphen ([21]). Diese Maße werden als *Gesamtkomplexität* zusammengefaßt, die sich berechnet aus

$$KM_{Ges} = KM_{BH} + KM_{ZS} + KM_{SK} + KM_{PA} \qquad (5.42)$$

mit

KM_{BH}: als Maß für die Baumhierarchie und der Berechnung

$$KM_{BH} = \frac{\sum_{i=1}^{n} Spanne_i}{(n-1)^2} \tag{5.43}$$

und *Spanne* als Zahl der direkten Untermodule;

KM_{ZS}: als Maß für die Zugriffsstruktur, welches sich ergibt aus

$$KM_{ZS} = Varianz\ der\ Spannen \tag{5.44}$$

KM_{SK}: als Maß für die Systemkomponenten mit der Berechnung

$$KM_{SK} = \frac{\sum^{k} \Delta^2}{\sum (Anzahl\ Anweisungen\ pro\ Schnittstelle)^2} \tag{5.45}$$

mit Δ als Anzahl der Anweisungen ≤ 30 und k als Anzahl der Schnittstellen mit mehr als 30 Anweisungen;

KM_{PA}: als Charakterisierung der Parameterisierung in der Form

$$KM_{PA} = \frac{\sum^{k} \Delta^2}{\sum (Anzahl\ Parameter\ pro\ Par.Liste)} \tag{5.46}$$

mit Δ als Anzahl der Parameterlisten ≤ 10 und k als Anzahl der Parameterlisten mit mehr als 10 Parametern.

Balzert diskutiert darüberhinaus die Anwendung dieses Komplexitätsmaßes an ausgewählten Tool-Strukturen.

5.4.5 Das Entwurfsstabilitätsmaß von Yau/Collofello

Dieses Maß wurde von 1982 von Yau und Collofello entwickelt ([407], [408]) und hat den folgenden Berechnungsalgorithmus:

Schritt 1: von der Modulentwurfstruktur sind zu bestimmen

- Anzahl der Module, die den Modul x nutzen: J_x,
- Anzahl der vom Modul x benötigten Module: J'_x,
- die beim Modul x vom Modul y erhaltenen Parameter: R_{xy} mit $y \in J_x$,
- die vom Modul x dem Modul y übergebenen Parameter: R'_{xy} mit $y \in J'_x$

Schritt 2: von der Programmentwurfsdokumentation sind zu bestimmen

- die Anzahl globaler Datenreferenzen des Moduls $x : GR_x$,
- die Anzahl globaler Datendefinitionen im Modul $x : GD_x$,
- für jede globale Dateneinheit $i : G = \{x \mid i \in (GR_x \cup GD_x)\}$;

Schritt 3: für jede Modulverbindung R_{xy} ist die Parameterbeziehung zu bestimmen als

$$T_{xy} = \sum_i p_i \tag{5.47}$$

p_i ergibt sich aus der Zerlegung des i-ten Parameters als u.U. strukturierten Datentyp (für einen einfachen Datenwert ist $p_i = 1$); bei $T_{xy} = 1$ wird $T_{xy} \doteq 2$ gesetzt, während $T_{xy} = 0$ keine Parameterbeziehung zum Ausdruck bringt;

Schritt 4: für jede Modulverbingung R'_{xy} ist analog Schritt 3 das T'_{xy} zu bestimmen;

Schritt 5: für jedes Modul x wird die globale Datenabhängigkeit TG_x in der im Schritt 3 beschriebenen Weise auf die globalen Daten bezogen bestimmt;

Schritt 6: für jedes Modul x wird dann die sogenannte „Entwurfsverstrickungseffekt" $DLRE_x$ (*Design Logical Ripple Effect*) in der Form bestimmt als

$$DLRE_x = TG_x + \sum_{y \in J_x} TP_{xy} + \sum_{y \in J'_x} TP'_{xy} \tag{5.48}$$

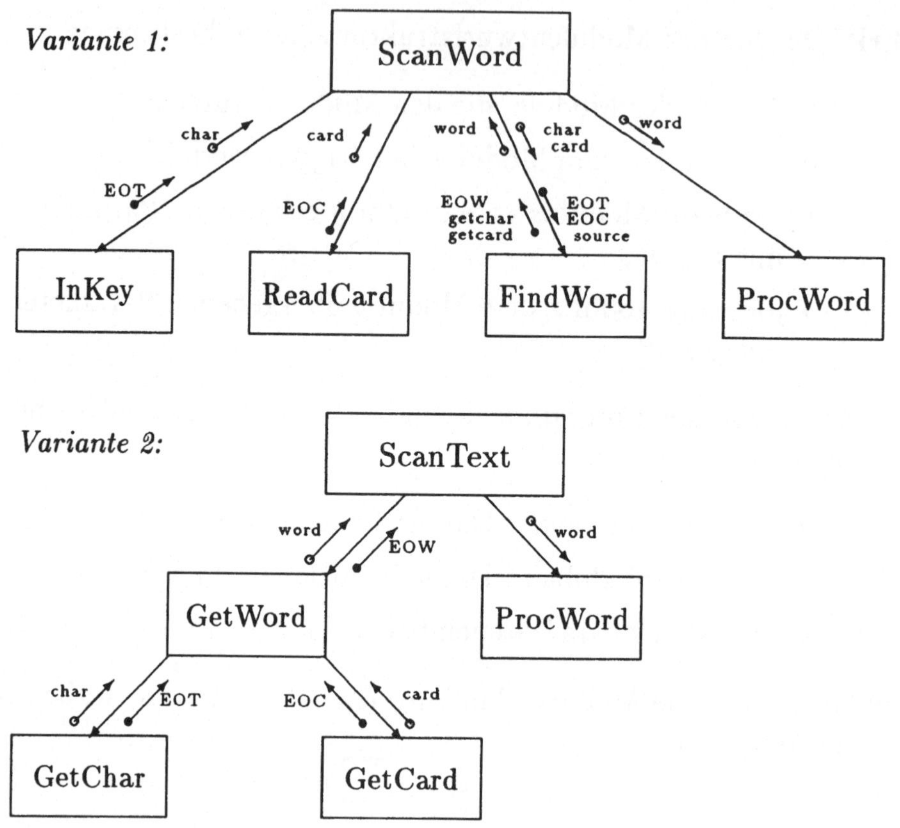

Abbildung 5.3: Entwurfsvarianten eines Texteditors als Structure Charts

Schritt 7: die *Entwurfsstabilität* DS_x für ein Modul x lautet dann

$$DS_x = \frac{1}{1 + DLRE_x} \tag{5.49}$$

Schritt 8: und die Programmentwurfsstabilität PDS wird schließlich berechnet als

$$PDS = \frac{1}{1 + \sum_x DLRE_x}. \tag{5.50}$$

Für die in Abb. 5.3 gegebenen Entwurfsvarianten ergeben sich für PDS jeweils die Werte 1/20 (Variante 1) und 1/11 (Variante 2) und charakterisiert die zweite Variante als die stabilere. Für die in Abb. 5.3 angegebenen Entwurfsvarianten erhält auch Lew auf der Basis eines Informationsflußmaßes eine geringere Komplexität der zweiten Variante ([226]).

5.4.6 Die Systemkomplexitätsmetrik von Yin/Winchester

Die Metrik von Yin und Winchester (beschrieben in [279] und [350]) bewertet die Komplexität von Software-Systementwürfen auf der Basis der Structure Chart's der SA-Entwurfsmethode (siehe auch [111]). Die Berechnung erfolgt nach

$$C_i = A_i - T_i \tag{5.51}$$

mit

A_i – als Anzahl der Modulnetzwerkbögen von der Wurzel bis zum Niveau i,
T_i – als Anzahl der Modulbaumbögen von der Wurzel bis zum Niveau i.

Bei T_i werden also die (netzwerktypischen) Quer- und Rückverbindungen nicht berücksichtigt. Bei extremer C-Werterhöhung beim Niveauübergang wird eine Entwurfsänderung empfohlen. Darauf aufbauend werden zwei weitere Maße bestimmt, die

- Modulbindung zwischen der Wurzel und dem i-ten Niveau durch

$$R_i = \frac{C_i}{A_i} \tag{5.52}$$

- und der Modulbindung zwischen den Ebenen i und $i-1$ durch

$$D_i = 1 - \frac{\Delta T}{\Delta A} \tag{5.53}$$

mit $\Delta T = T_i - T_{i-1}$ und $\Delta A = A_i - A_{i-1}$.

Diese Maße bestimmen u.a. die „Entfernung" von einer reinen Baumstruktur des Software-Entwurfs. Ein ähnlicher Modulbewertungsansatz ist in [215] beschrieben.

5.4.7 Die Entwurfsstrukturmaße von Blaschek

Die von Blaschek 1985 entwickelten Entwurfsmaße ([46]) beziehen sich auf die Modulstruktur und interpretieren diese als Graphen, in denen die Module die Knoten und die strukturelle Verbindung die Kanten darstellen. Ihre Berechnung lautet

Höhenmaß: zur Bestimmung der „vertikalen Ausdehnung" der Modulstruktur mit seiner Berechnung als

$$H(G) = \frac{\sum_{i=0}^{n-1} d(v_0, v_i)}{n} \tag{5.54}$$

wobei $d(v_0, v_i)$ die Entfernung des Knoten i von der Wurzel darstellt

Breitenmaß: zur Bestimmung der „Auffächerung" des Strukturgraphen mit der Wertbestimmung[3],

$$W(G) = 1 + Anz(Kanten) - Anz(Knoten) + Anz(Blätter), \tag{5.55}$$

relatives Breitenmaß: mit der Berechnungsvorschrift

$$W_r(G) = \frac{W(G)}{2 * H(G)} \tag{5.56}$$

sowie das

Maß für die Baumähnlichkeit: welches die „Nähe" zu einer wirklichen Baumstruktur bestimmt als

$$T(G) = \frac{Knotenanzahl - 1}{Kantenanzahl} \tag{5.57}$$

Blaschek diskutiert ferner die mögliche Tool-Einbindung derartiger Komplexitätsmaße für die statische Programmanalyse.

[3] *Anz* für „Anzahl von"

5.4.8 Die Van-Verth-Metrik

Die 1985 von Van Verth aufgestellte Metrik ([385], [386]) verbindet eine Steuerfluß- bzw. Strukturmetrik mit einer Datenflußbewertung. Der Gesamtwert der eingeschätzten Programmkomplexität ergibt sich aus

$$C = CF_{ges} + DF_{ges} + penalties \tag{5.58}$$

wobei sich die einzelnen Teilwerte wie folgt berechnen

CF_{ges}: ist die Steuerflußkomplexität über alle Module und berechnet sich aus

$$CF_{ges} = \sum_{j=0}^{n} CF_j \tag{5.59}$$

mit CF_j als Anzahl der Knoten (Anweisungen) im Modul j,

DF_{ges}: ist die Datenflußkomplexität, die sich aus

$$DF_{ges} = \sum_{j=0}^{n} \sum_{i=1}^{m_j} \sum_{k=1} l_i DEF(\nu_j) \tag{5.60}$$

mit m_j als Menge aller Knoten (ENTRY und EXIT ausgenommen) des Moduls j und l_i die Menge aller Variablen ν_i, die in den Modul j reichen,

penalties: ist ein von Van Verth geschätzter Wert für Modularisierungsschwächen im Entwurf.

Van Verth versucht damit vor allem die globalen Datenreferenzen bei der Bewertung der Komplexität des Modulentwurfs entsprechend zu berücksichtigen.

5.4.9 Die Design-Maße von SOFTCON

Das System SOFTCON ist eine Komponente eines Software-Entwicklungssystems ([360]) und bestimmt für den Software-Entwurf folgende Kenngrößen:

Merkmal	**geteilt durch**
Modularität	
Anzahl der Module	Anzahl der verwendeten Funktionen
Anzahl der Datenkapseln	Anzahl der spezifizierten Dateneinheiten
Anzahl der Module	Anzahl der Modulaufrufe
Anzahl der Datenkapseln	Anzahl der Datenflüsse
Anzahl der Module	Anzahl der Modulschnittstellen
Allgemeingültigkeit	
Anzahl anwendungsunabhängiger Module	Anzahl der Module
Anzahl anwendungsunabhängiger Datenkapseln	Anzahl der Datenkapseln
Portabilität	
Anzahl umgebungsunabhängiger Module	Anzahl der Module
Anzahl umgebungsunabhängiger Datenkapseln	Anzahl der Datenkapseln
Redundanz	
Anzahl sich wiederholender Module	Anzahl der Module
Anzahl reproduzierbarer Datenkapseln	Anzahl der Datenkapseln
Anzahl aktiver Transaktionen	Anzahl der Transaktionen
Integrität	
Anzahl der veränderten Systemeingabedaten	Anzahl der Systemeingabedaten
Anzahl der veränderten Systemausgabedaten	Anzahl der Systemausgabedaten
Komplexität	
Anzahl der Prädikate	Anzahl der Prädikatenvariablen
Anzahl der Funktionen	Anzahl der Prädikate
Anzahl der Variablen minus Prädikatenvariablen	Anzahl der Variablen
Anzahl der Funktionen	Anzahl der Variablen

Daraus können dann weiterhin die *Systemeffizienz* T mit den beiden Merkmalen

$$T_1 = \frac{Transaktionsanzahl}{Datenzugriffe\ pro\ Transaktion * Transaktionsanzahl} \tag{5.61}$$

$$T_2 = \frac{Transaktionsanzahl}{Modulaufrufe\ pro\ Transaktion * Transaktionsanzahl} \tag{5.62}$$

und die *Speicherplatzeffizienz* als

$$S = \frac{Anzahl\ der\ Dateneinheiten}{durchschnittliche\ Datenkapsellänge * Datenkapselanzahl} \tag{5.63}$$

bestimmt werden.

5.4.10 Die MMC-Metrik von Harrison/Cook

Harrison und Cook entwickelten 1987 eine Metrik ([173]), die die Kombination einer globalen Metrik für die Entwurfsstruktur mit der lokalen, auf die Module bezogenen besser verbindet. Die Berechnungsvorschrift dieser *Makro/Mikro Komplexität* (MMC) ist dabei folgende

$$MMC = \sum_{i=1}^{n} [SC_i * MC_i] \tag{5.64}$$

mit n als Modul- bzw. Unterprogrammanzahl, MC_i als die beispielsweise mit dem McCabe-Maß bestimmte *Mikrokomplexität* eines Moduls i und SC_i als *Systemniveaukomplexität* des Moduls i mit der Berechnung

$$SC_i = [GD_i * (n-1)] + P_i * [1 - DI_i] \tag{5.65}$$

mit $GD(i)$ als Anzahl der globalen Daten des Moduls i, P_i als Parameteranzahl und DI_i als sogenannter „Dokumentationsindex", der sich aus der Modulzeilenzahl minus den Kommentarzeilen geteilt durch Modulzeilenzahl ergibt. Harrison und Cook führen zur Validation dieser Metrik eine Pearson-Korrelation zur Fehlerrate durch.

5.4.11 Die Design-Komplexität von Card/Agresti

Card und Agresti entwickelten 1988 eine Design-Metrik ([69]), die sowohl die lokale (intramodulare) als auch die strukturelle (intermodulare) Komplexität eines Software-Entwurfs berücksichtigt. Ihre Berechnung erfolgt durch

$$\tilde{C} = \tilde{S} + \tilde{L} \tag{5.66}$$

wobei gilt

$\tilde{C}$ – Gesamtentwurfskomplexität,
$\tilde{S}$ – strukturelle Komplexität und
$\tilde{L}$ – lokale Kompexität bzw. nach [72] Datenkomplexität.

Bei einer Anzahl von n Modulen ergibt sich dann die (modulbezogene) relative Gesamtkomplexität C zu

$$C = S + L = \frac{\tilde{S}}{n} + \frac{\tilde{L}}{n} \tag{5.67}$$

Für die Berechnung der Teilwerte schlagen Card und Agresti vor

- *strukturelle Komplexität*

  $$\tilde{S} = \sum_{i=1}^{n} (f_i^2) \tag{5.68}$$

  mit f_i als fan-out des Modul i und

- *lokale Komplexität*

  $$\tilde{L} = \sum_{i=1}^{n} \frac{v_i}{f_i + 1} \tag{5.69}$$

  mit v_i als Anzahl der E/A-Variablen im Modul i und f_i als fan-out's.

Eine minimale Entwurfskomplexität wird bei $v = 2f(f+1)^2$ erreicht. Card und Agresti validierten ihre Metrik u.a. durch Korrelationsuntersuchungen zur Fehlerrate beim Software-Entwurf.

5.4.12 Die Programmkomplexität von Shatz

Diese Metrik gilt auch für den Programmentwurf und wurde an der Illinois Universität 1988 von Shatz entwickelt ([343]). Ihre Berechnung erfolgt in der Weise

$$TC = W * \sum_{i=1}^{T}(LC_i) + X * CC \tag{5.70}$$

mit

TC	–	totale Komplexität,
W, X	–	Wichtungsfaktoren,
LC	–	lokale Komplexität (z.B. als LOC (s.u.)) bestimmbar,
CC	–	Kommunikationskomplexität.

Für die Bestimmung von CC werden vorhandene Modelle, wie Rendezvous-Graphen und Petrinetzdarstellungen diskutiert. Das Maß selbst dient der Bewertung von Ada-Task-Modellen.

5.4.13 Die Design-Metrik von McCabe

Auf der Basis seiner zyklomatischen Komplexität (siehe 5.5) entwickelte McCabe 1989 ein Entwurfskomplexitätsmaß ([248]), welches sich anstelle der Programmflußgraphen auf Strukturbäume (beispielsweise Strukturdiagramme (*Structure Charts*)) bezieht. Es ist definiert als

$$S_0 = \sum_{i \in D} iv(G_i) \tag{5.71}$$

mit D als Menge der Moduln und iv als Komplexitätsmaß, welches durch Anwendung eines Reduktionsalgorithmus (siehe [248]) bestimmt wird. McCabe definiert danach die *Integrationskomplexität* für n Module in der Form

$$S_1 = S_0 - n + 1 \tag{5.72}$$

und leitet eine Methode für den Integrationstest ab.

5.4.14 Design-Metriken für die objektorientierte Software-Entwicklung

Die bisher beschriebenen Maße beziehen sich zumeist auf (relativ) feste Modulstrukturen mit (relativ) festen Schnittstellenbeziehungen. Beim objektorientierten Entwurf (siehe Abschnitt 3.2.1.3) ist gerade die Schnittstelle eine dynamische, sich im Programmlauf ergebene Beziehung ([252]). Die Design-Qualität ([323]) ist insbesondere durch die Wiederverwendbarkeit und Flexibilität gekennzeichnet (siehe auch [64] und [56]). Der Entwurf ist hierbei besonders eng mit dem für die Implementation genutzten Software-System, wie zum Beispiel Smalltalk, verbunden (siehe Abschnitt 5.5.18.2). Daher sind andere Komplexitätsmaße zu definieren ([86]). In [281] lauten derartige Maße beispielsweise

mittlerer Virtualisierungsgrad: mit der Berechnung

$$VIRT = \frac{\sum^{n}(\frac{vM}{M})}{n} \tag{5.73}$$

mit n als Anzahl der Klassen, M als Anzahl der Methoden pro Klasse und vM als Anzahl „virtueller" (Aufrufzuordnung nur durch Klassentyp definiert) Methoden;

mittlerer Generigkeitsgrad: der sich mit CM als sogenannte Komponentenzahl (entwurfsbedingt) pro Methode und gCM als Anzahl der generischen Komponenten pro Methode bestimmt zu

$$GENER = \frac{\sum^{n}\left(\frac{\sum^{M}\frac{gCM}{CM}}{M}\right)}{n} \tag{5.74}$$

mittlerer Wiederholungsgrad: mit gT als Anzahl gleicher Teilklassen in der Form

$$WIED = \frac{\sum^{n} gT}{n-1} \tag{5.75}$$

und schließlich die

mittlere Komplexität der Vererbung: die sich mit dS als Anzahl der direkten Superklassen berechnet zu

$$VKOMP = \frac{\sum^{n} dS}{\frac{n^2}{2} - 2} \tag{5.76}$$

Diese Komplexitätsmaße wurden in einem Tool zum rechnergestützten Entwurfsvergleich implementiert ([282]).

Andere Maße gehen bei der Komplexitätsbestimmung des Modulentwurfs von der Entropie der Exporte und Importe aus ([226] und [333]). Weitere Design-Metriken sind u.a. in [35], [46], [69], [71], [74], [127], [132], [160], [194], [228], [260], [306], [314], [315], [316], [318] und [343] angegeben.

5.5 Code-Metriken

Code-Metriken (*Source Code Metrics*) beziehen sich auf den Programm(-Quell-)code oder dessen Darstellung als Programmgraphen. Sie sind daher statische Quellcodemaße, die sich i. a. ([227]) in

- Umfang- oder Längenmaße (*Size Metrics*),
- Steuerflußmaße (*Control Flow Metrics*),
- Datenflußmaße (*Data Flow Metrics*) und
- hybride Formen obiger Maße

unterscheiden.

5.5.1 Das LOC-Maß

Code-Metriken (z.T. auch als syntaxbezogene Metriken bezeichnet [26]) zählen zu den ältesten Software-Metriken überhaupt. Die wohl „klassischste Metrik" ist dabei die Anzahl der Quellcodezeilen bzw. kurz LOC (*Lines Of Code*). Untersetzungen dieses Maßes sind nach [233] folgende:

- ▷ ausschließlich abarbeitbare Zeilen,
- ▷ abarbeitbare Zeilen plus Datendefinitionen,
- ▷ abarbeitbare Zeilen, Datendefinitionen plus Kommentarzeilen,
- ▷ abarbeitbare Zeilen, Datendefinitionen, Kommentarzeilen plus Jobsteueranweisungen,
- ▷ Zeilenanzahl als „physische" Zeilen einer Bildschirmeingabe und
- ▷ Zeilenanzahl bezogen auf eine durch einen logischen Begrenzer abgeschlossenen Zeichenfolge.

Für eine Projektbewertung kann diese Untersetzung (ebenfalls nach [233]) lauten:

- ◇ Anzahl ausschließlich neuer (hinzugefügter) Zeilen,
- ◇ Anzahl neuer und geänderter Zeilen,
- ◇ Anzahl neuer, geänderter und wiederverwendeter Zeilen,
- ◇ Anzahl aller bearbeiteter Zeilen plus temporärer Programmskelette und
- ◇ Anzahl aller bearbeiteter und temporärer Zeilen plus sonstigen Hilfscode.

Zur eindeutigen Kennzeichnung wird daher oft auch *SLOC* (source line of code) für das allgemeine Quellcodezeilenmaß verwendet.

Eine Untersuchung zu LOC und der Fehlerrate ist in [27] gegeben. Aufgrund der Zählung über Module hinaus bzw. für unterschiedliche Implementationstechniken (mit und ohne COMMON-Bereich) ist hierbei allerdings sogar eine gegenläufige Relation zu erkennen.
Über die Tauglichkeit (z.B. für verschiedene Programmiersprachen, bei Makroinstruktionen oder Jobsteueranweisungen) ist viel polemisiert worden (siehe auch [207]); dennoch scheint gerade dieses Maß das gegenwärtig einzig taugliche zu sein (siehe auch [101], [253] u.a.).

5.5.2 Die Halstead-Metrik

Die Halstead-Metrik ([168]) – eigentlich *Software Science* genannt – entstand Mitte der 70-er Jahre auf der Basis von Experimenten zum Programmieraufwand und deren Ursachen im Quellcode. So beispielsweise die

- Ergebnisse der Code-Analysen von Elshoff ([136] und [137]) und die
- Untersuchungen zur Korrelation der Häufigkeit des Auftretens von Operatoren (in PL/1-Programmen) und deren Gesamtzahl ([418]).

Die Ausgangsgrößen sind dabei

- η_1 = Anzahl unterschiedlicher Operatoren,
- η_2 = Anzahl unterschiedlicher Operanden,
- N_1 = Gesamtzahl der Operatoren im Programm,
- N_2 = Gesamtzahl der Operanden im Programm.

woraus u.a. folgende Kennzahlen bestimmt werden

Programmlänge: aus der Summe

$$N = N_1 + N_2 \tag{5.77}$$

Programmumfang: als Schätzgleichung[4]

$$V = N * log_2(\eta_1 + \eta_2)[Bits] \tag{5.78}$$

Programmieraufwand: in sogenannten Programmiereinheiten

$$E = V^2/V^* \tag{5.79}$$

(mit $V^* = \eta^* log_2 \eta^*$ als minimales Programmvolumen); η^* als potentielles Vokabular wird beispielsweise für built-in-Funktionen (also Standardfunktionen der Programmmiersprachen) benötigt. So ist z.B. für den Funktionsaufruf *call sort(x,n)* $\eta^* = 4$, da das potentielle Vokabular hierbei *call, sort(...), x* und *n* lautet.

Schwierigkeitsgrad: einer Implementierung als

$$D = \frac{\eta_1 N_2}{2\eta_2} \tag{5.80}$$

Sprachniveau: auch Sprachstufe oder Implementationsniveau als

$$L = \frac{V^*}{V} \tag{5.81}$$

(besteht ein Programm beispielsweise nur aus Prozeduraufrufen, ergibt sich L = 1)

intellektueller Gehalt: als „Abstand" zur kleinstmöglichen Implementierung

$$I = L * V \tag{5.82}$$

und schließlich

Programmierzeit: mit S als Anzahl der in einer Sekunde von einem „durchschnittlichen Programmierer" realisierbaren Entscheidungen (als sogenannte *Stroud number* mit $5 \leq S \leq 20$)

$$\hat{T} = \frac{E}{S}[sec] \tag{5.83}$$

[4]Man beachte, daß es sich bei der Maßeinheit „Bits" nicht um die Anzahl von binären Ziffern, sondern um die ursprüngliche Bedeutung als Entscheidungsmaß handelt.

Halstead führte auch Abschätzungen zur Anwendbarkeit seiner Maße für

- die Modularisierung von Programmen,
- die Abschätzung von Betriebssystemgrößen
- und schließlich Texte in englischer Sprache

durch. Für das Sprachniveau verschiedener Programmiersprachen schätzte Halstead beispielsweise ein

Programmiersprache	*Sprachniveau*
PL/1	1,53
ALGOL 58	1,12
FORTRAN	1,14
Pilot	0,92
Assembler	0,88

Weitere Untersuchungen für andere Programmiersprachen sind beispielsweise in [221] für APL mit einem durchschnittlichen Sprachniveau von 2,42 durchgeführt worden. Andere Untersuchungen ergaben eine mittlere Fehlermenge B von (in [287] und [229] angegeben)

$$B = \frac{V}{3000} \tag{5.84}$$

Lipow ([229]) überprüfte diese Abschätzung an der Kommandosprache JOVIAL und zeigte deren Korrelation zum Anweisungsumfang. Eine andere Untersuchung von Halstead bestimmte die Programmlänge auch als

$$N = K * P \tag{5.85}$$

mit P als Anzahl ausführbarer Programmzeilen und K als Proportionalitätsfaktor (z. B. K = 7,5 für höhere Programmiersprachen und K = 3,0 für Assemblersprachen). Bandyopadhyay zeigte ([22], [23]), daß für höhere Programmiersprachen das bereits normierte (zwischen 0 und 1 liegende) Programmiersprachniveau durchschnittlich 0,96 beträgt, und führte eine weiter Größe, die *potentielle Konstante*

$$\frac{N_1}{N_2} = \frac{V^*}{2\eta_2^*} \tag{5.86}$$

ein, die unabhängig von L und damit von der implementierten Sprache die Effizienz der Implementierung eines Algorithmus zum Ausdruck bringt.

Woodfield ([405]) zeigte, daß der potentielle Programmumfang nicht von der Implementation wohl aber von der Komplexität des Problems abhängt. Aufgrund von Experimenten zeigte Woodfield, daß sich η_2^* als Maß für die *Problemkomplexität* eignet.

Ein einfaches Beispiel zur Berechnung der Halstead-Maße für zwei Programme lautet (aus [308]), wobei für den Programmieraufwand E die Schätzformel

$$\hat{E} = V * \frac{\eta_1 * N_2}{2\eta_2} \tag{5.87}$$

verwendet wurde:

Programm 1	*Programm 2*

PROGRAM(input,output);
VAR
    a,b,c,d,m:integer;
BEGIN
    readln(a,b,c,d);
    a := a + a;
    b := b + b;
    c := c * d;
    m := a + b - c;
    writeln(m)
END.
	PROGRAM(input,output);
	VAR
	    a,b,c,d,m:integer;
	BEGIN
	    readln(a,b,c,d);
	    IF a > b THEN
	    IF b > c THEN
	    m := a + b
	    ELSE
	    m := b + c
	    ELSE
	    m := b + c + d;
	    writeln(m)
	END.

$N = 23 + 18 = 41$ $V = 41 * log(11 + 5) = 164$ $\hat{E} = 164 * [(11 * 18)/(2 * 5)] = 3247$	$N = 22 + 19 = 41$ $V = 41 * log(11 + 5) = 164$ $\hat{E} = 164 * [(11 * 19)/(2 * 5)] = 3427$

Dabei ist zu beachten, daß beispielsweise IF..THEN als *ein* Operator gezählt wird.

5.5.2.1 Die Anwendung der Halstead-Maße für die Modularisierung von Programmen

Baker und Zweben ([19], siehe auch [232]) geben für folgende drei Modularisierungsformen die Modifikationen der Halstead-Maße an:

gemeinsame Teilausdrücke: die Modularisierung ist hierbei eigentlich nur eine rationellere Implementation, bei die j+1 (angenommenen) gleichen Teilausdrücke der Länge m durch eine Hilfsvariable substituiert werden; die Software-Maße lauten dann

$$\begin{aligned}\hat{\eta}_2 &= \eta_2 + 1 \\ \hat{N} &= N + (m+3) - (j+1)(m-1) \\ &= N + 4 - j(m-1) \\ \hat{V} &= [N + 4 - j(m-1)]log_2(n+1)\end{aligned} \tag{5.88}$$

einfache gemeinsame Anweisungsfolgen: diese Anweisungsfolgen sind durch Unterprogramme mit einfachen Variablen und Konstanten als Parameter modularisierbar; die Halstead-Maße haben hierbei die modifizierte Form mit p für die Parameteranzahl

$$\begin{aligned}\hat{\eta}_1 &= \eta_1 + 1 \\ \hat{\eta}_2 &= \eta_2 + p + 1 \\ \hat{N} &= N + m - (j+1)(m-2p-2) \\ \hat{V} &= [N + m - (j+1)(m-2p-2)]log_2(n+p+2)\end{aligned} \tag{5.89}$$

gemeinsame Anweisungsfolgen: hierbei werden Unterprogramme beliebiger Art zur Modularisierung genutzt; die Software-Maße lauten zuzüglich q für die Anzahl lokaler Variablen

$$\begin{aligned}\hat{\eta}_1 &= \eta_1 + 1 \\ \hat{\eta}_2 &= \eta_2 + p + q \\ \hat{N} &= N + m - \sum_{k=1}^{j-1}[m + e_k - (3 + p - 1 + e_k - p)] \\ &= N + m - (j+1)(m-2p-2) \\ \hat{V} &= [N + m - (j+1)(m-2p-2)]log_2(n+p+q+1)\end{aligned} \tag{5.90}$$

mit $e_k = \sum_{l=1}^{p} e_{k,l}$ als Länge des Unterprogrammaufrufes.

Baker und Zweben setzen dabei voraus, daß in den Programmstrukturen keine sogenannten Datenflußanomalien auftreten, d.h. daß mit r für Referenz, d für definiert und u für undefiniert innerhalb des zu modularisierenden Programmes nicht $d \rightarrow d$, $u \rightarrow u$, $d \rightarrow u$ und $u \rightarrow r$ auftreten. Damit geben sie die Möglichkeit, den Modularisierungseffekt für ein Programm quantitativ zu beschreiben (siehe auch [89], [141] und [402]).

5.5.2.2 Eine Modifikation von Jensen

Als Verbesserung für die Programmlänge schlägt Jensen (in [204]) im Rahmen seiner Untersuchungen zur Halstead-Metrik für Real-Time-Software vor,

$$N_F = log_2 n_1! + log_2 n_2! \tag{5.91}$$

zu verwenden. Hierfür erhielt er eine bessere Korrelation zur analysierten Programmbibliothek. (Weitere Modifikationen der Längenberechnung von Halstead sind auch in [249] bzw. für modifizierte Programme in [349] angegeben.)

5.5.2.3 Verbesserung der Programmlesbarkeit nach Gordon

Gordon untersuchte die Anwendung „gängiger" Verbesserungen zur Lesbarkeit (eigentlich Klarheit) des Programmcodes und deren Auswirkung auf den sich nach der Halstead-Metrik berechnenden Programmieraufwand ([159]). Die Untersuchungen richteten sich dabei insbesondere auf die in der folgenden Tabelle dargestellten Mängel in der Programmierweise und deren Verbesserung.

Ausgangsausdruck / *transform. Ausdruck*	*nachteilige* *Eigenschaft*	*E* *E'*
$(P+Q)*(P+Q) \rightarrow R$ / $P+Q \rightarrow T, T*T \rightarrow R$	gemeinsamer Teilausdruck	102,9 $\Rightarrow$ 99,0
$P+Q \rightarrow R*R \rightarrow R$ / $P+Q \rightarrow T*T \rightarrow R$	mehrdeutiger Operand	58,2 $\Rightarrow$ 47,4
$P+Q \rightarrow T1, P+Q \rightarrow T2, T1*T2 \rightarrow R$ / $P+Q \rightarrow T1, T1*T1 \rightarrow R$	synonyme Operanden	194,0 $\Rightarrow$ 99,0
$P+Q \rightarrow T, T*T+T-T \rightarrow R$ / $P+Q \rightarrow T, T*T \rightarrow R$	komplementäre Operation	237,7 $\Rightarrow$ 99,0
$P+Q \rightarrow T1, T1 \uparrow 2 \rightarrow R$ / $(P+Q) \uparrow 2 \rightarrow R$	unnötige Zuweisung	83,7 $\Rightarrow$ 48,0
$P+P+2*P*Q+Q*Q \rightarrow R$ / $(P+Q) \uparrow 2 \rightarrow R$	zusammenfaßbarer Ausdruck	126,3 $\Rightarrow$ 48,0

Im Ergebnis konnte eine gute Korrelation zwischen dem Aufwandsmaß nach Halstead und den Programmiertechniken zur Verbesserung der Klarheit eines Quellprogrammcodes gezeigt werden.

5.5.2.4 Die Vereinfachung der Halstead-Metrik von Stetter

Durch eine Untersuchung hinsichtlich der Korrelation (siehe auch Kapitel 6) zur ursprünglichen Halstead-Metrik ([367]) gelangt Stetter zu der Vereinfachung ([366]), daß die Unterscheidung in Operanden und Operatoren nicht notwendig ist und andererseits die ausschließliche Berücksichtigung der Operanden und Operatoren (im Anweisungsteil) ungerechtfertigt den Definitionsteil eines Programmes ausschließt.
Die Grundmaße nach Stetter (siehe auch [368]) sind daher folgende:

Name	*Bedeutung*
Vokabular	W(P) = Menge der Elemente eines Programmes P,
Vokabulargröße	n(P) = card(W(P)),
Häufigkeit	f(w) = Häufigkeit des Auftretens von $w \in W(P)$ in P,
Länge	$l_e(P) = \sum_{w \in W(P)} f(w)$.

Damit lauten die weiteren Programmcharakteristika:

Programmlänge: als Schätzwert (mit ld $\doteq log_2$)

$$N = n * ld\left(\frac{n}{2}\right) \tag{5.92}$$

Programmvolumen: auf der Basis der Programmlänge als

$$V = n * ld(n) * ld\left(\frac{n}{2}\right) [Bits] \tag{5.93}$$

Für die anderen Kennzahlen, wie Schwierigkeitsgrad, Programmieraufwand und Sprachniveau, gelten die durch Halstead angegebenen Berechnungsformeln auf der Basis der oben genannten Ausgangswerte.

Weiterhin gilt für F(P) als Anzahl der Fehler in einem ungetesteten Programm P die Berechnungsform

$$F(P) = \frac{V(P)}{F_0} = \frac{V_0^2}{(F_0 * \lambda)}. \tag{5.94}$$

(V_0 entspricht dem V^* der Original-Halstead-Formeln). Dabei wurde für F_0 ein experimenteller Wert von 3000 ermittelt. Das bedeutet, daß z.B. bei einem Programmvolumen V(P)=3000 mit *einem* Fehler zu rechnen ist. Diese Relationen faßt Stetter in folgender Weise zusammen ([368])

- ▷ F(P) steigt quadratisch mit dem Umfang des Problems.
- ▷ Für ein vorgegebenes Programm ist es günstig, eine höhere Programmiersprache zu wählen, da F(P) mit wachsenden λ fällt.
- ▷ F(P) kann nur zur Schätzung der bei Testbeginn vorhandenen Fehler herangezogen werden.
- ▷ Setzt man F(P) = 0,5, so folgt, daß für ein Programmvolumen $V(P) \leq 1500$ das entsprechende Programm P i.a. fehlerfrei ist.
- ▷ Die Proportionalität F(P) $\sim$ V(P) liegt in der Tatsache begründet, daß V(P) die Zahl der zu produzierenden Bits angibt.

5.5.2.5 Kritiken zur Halstead-Metrik

Kritiken zur Halstead-Metrik sind bereits in den vorgegangenen Abschnitten angedeutet worden (siehe auch [228] und [338]), in dem sie Ausgangspunkt von Verbesserungen und Erweiterungen waren. Weitere Kritiken sind im folgenden aufgelistet.

□ Hamer und Frewin ([169]) kritisierten vor allem zwei Aspekte der *Software Science*

1. die arithmetischen Beziehungen als genau berechenbare Verhältnisse können bestenfalls den wirklichen Trend widerspiegeln,
2. die zugrundeliegenden Experimente zeigen jeweils nur hinreichend Aspekte der zu beweisenden Eigenschaft, nicht aber den Gültigkeitsbereich insgesamt oder die notwendigen Voraussetzungen.

Konkrete Kritikpunkte von Hamer und Frewin an der Software Science sind beispielsweise:

- Die den Experimenten zugrunde gelegten Programme waren zum Teil nur selbst experimentelle und in zu geringem Maße praxisrelevante Beispiele.
- Die Aufwandsschätzung (für E) geht zu sehr davon aus, daß der Implementierungsaufwand ausschließlich Programmcode-Erstellung sei.
- Die Korrelationen zum Beweis der Korrektheit der wirklichen und geschätzten Eigenschaften wurde nur mit einem statistischen Maß durchgeführt.
- Die Korrelation zu den Fehlern berücksichtigt nur die während der Programmierung selbst eingebrachten Fehler und keine anderen Aktivitäten.

□ Lassez u. a. ([223]) kritisierten folgende Annahmen von Halstead

- die Vernachlässigung der Variablendefinitionen (Halstead zieht als Definitionsbeispiele nur INTEGER I, REAL X und ähnliche simple Formen heran), die beispielsweise auch „quasi-executable" Anweisungen im Definitionsteil nicht erfaßt,
- die besondere Zählung der GOTO-Anweisung in der Form

Anweisungen	Operanden	Operatoren
GOTO L1; GOTO L2	L1, L2	$GOTO_1$ und $GOTO_2$

(aufgrund von Experimenten Halsteads in dieser Weise notwendig) ist unverständlich; denn beispielsweise in „DO L1; DO L2;" ist „DO" *ein* Operator mit zweimaliger Anwendung.

Lassez u. a. schlagen ebenfalls eine Modifikation der Längenberechnung von Halstead vor, um beispielsweise auch „funktionale Konstante" (als Parameterwert eines Funktionsaufrufs und somit Eingabewert) zu erfassen.

□ Shen u. a. ([348]) bemerkten beispielsweise, daß

1. die Zerlegung eines Algorithmus in Operatoren und Operanden zwar akzeptabel ist, die Übertragung dieser Idee aber dann auf die Programm-Tokens problematisch wird;
2. die Nichtberücksichtigung des Definitionsteiles bedenklich scheint;
3. bei Werten für die Programmlänge von größer als 2000 sich eine Fehlerrate von mehr als 20 Prozent ergeben;
4. die Größe η_2^* von Halstead selbst nur erst einmal geschätzt wird, sie aber auch generell nicht exakt bestimmbar ist;
5. die für die Experimente verwendeten Programme zu klein und nicht repräsentativ für umfangreiche Software-Entwicklung waren.

□ Card und Agresti ([70]) schlugen aufgrund der Anwendung der Halstead-Maße für eine andere Programmdatenbasis vor, in den

Software-Science-Gleichungen $log_2\eta_i$ jeweils durch $\sqrt{\eta_i}$ zu ersetzen.

- Reynolds ([315]) verweist auf die Bedeutung des Kontextes der Operanden und Operatoren und charakterisiert die Halstead-Maße als eine Metrik mit dem „Kontextniveau" = 1.

- Bei der Anwendung der Halstead-Metrik für verschiedene Programmierungstechniken ([123], [130], [131] und [179]) zeigte sich der Mangel durch den Ausschluß des Definitionsteiles eines Programms in ungerechtfertigt einfachen Werten bei

  - der Modularisierung als Definition von Prozeduren und Funktionen und
  - der Makroprogrammierung

  für den eigentlichen Anweisungsteil.

- Eine Kritik von Coulter ([97]) richtet sich vor allem gegen die von Halstead angenommen „Anzahl der pro Sekunde realiserbaren Entscheidungen" (*Number of Elementary Mental Discrimination* bzw. *Stroud Number*, s. o.), die Halstead als 18 annimmt. Coulter verweist darauf, daß Halstead diese aus der Literatur zur Psychologie übernommen hatte, jedoch die Diskussion der Psychologen hierzu außer Acht ließ. Coulter zitiert auch Shneiderman und kommt gar zu der Einschätzung

> *„Halstead's software science is appealing, the experimental evidence convincing, and the psychological foundations reasonably sturdy."*

Man muß hierbei natürlich erwähnen, daß Halstead selbst keine Möglichkeit der Erwiderung der Kritiken und der Weiterentwicklung seiner Theorie mehr hatte (er starb bereits 1980). Dennoch sind derartige Ansätze, wie die *Software Science* von Halstead prinzipiell wichtige Ansätze ([82]):

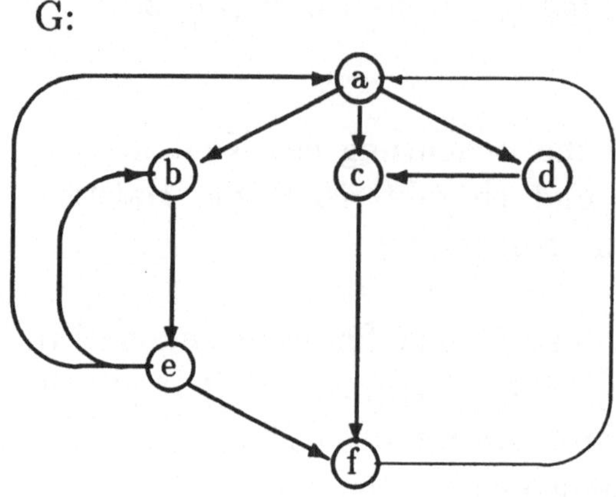

$$v(G) = e - n + 2p$$
$$= 9 - 6 + 2 = 5$$

(wobei die Kante von f nach a nicht einzubeziehen ist und für p=1 gilt (s.u.))

Abbildung 5.4: Beispiel einer Komplexitätsberechnung nach McCabe

> *„Software science offers a methodology not only for making measurements, but also for* **calibrating** *the measuring instruments."*

Sie wurde und wird als Vergleichsbasis verwendet ([8], [105], [151], [213] und [271]) und ist nach [32], [105] und [345] ein brauchbarer Ansatz, der aber noch die Berücksichtigung weiterer Charakteristika erfordert.

5.5.3 Die McCabe-Metrik

Die McCabe-Metrik ([247]) betrachtet die zyklomatische Zahl des einem Programm entsprechenden Programmflußgraphen G. Dabei werden die Knotenzahl (n) und Kantenzahl (e), sowie die Anzahl der zusammenhängenden Komponenten (p) bestimmt und die Komplexität mittels

$$v(G) = e - n + 2p \tag{5.95}$$

berechnet. Ein Berechnungsbeispiel ist in Abb. 5.4 gegeben. Diese zyklomatische Zahl entspricht der Anzahl der (linear unabhängigen) Programmpfade, wobei der Programmgraph *streng* zusammenhängend sein muß. Diesem Sachverhalt dient die (zur Veranschaulichung hinzugefügte) Kante von f nach a in der Abb. 5.4.

Die linear unabhängigen Programmpfade lauten für dieses Beispiel:

(abefa),(beb),(abea),(acfa),(adcfa)

Ein derartiges Maß für die psychologische Komplexität ist eine intuitive Annahme und durchaus streitbar ([110]). Es hat die folgenden Maßeigenschaften:

1. $v(G) \geq 1$;
2. v(G) ist die maximale Anzahl der linear unabhängigen Programmpfade in G;
3. das Hinzufügen oder Löschen einer Anweisung zu G verändert nicht den Wert von v(G);
4. G hat nur einen Programmpfad genau dann, wenn gilt $v(G) = 1$;
5. das Einfügen einer Kante in G erhöht v(G) um Eins;
6. v(G) hängt nur von der Entscheidungsstruktur in G ab.

McCabe wendete seine Metrik für eine Reihe von FORTRAN-Programmen an und kam zu dem Ergebnis, daß v(G) für einen „vertretbaren" Wartungsaufwand nicht größer als 10 sein sollte.

Weitere Aussagen zum Komplexitätsmaß von McCabe sind:

Dekomposition: Für ein einzelnes Programm wird p=1 gesetzt (s.o.). Liegt ein Programmentwurf *dekomponiert* (also beispielsweise in Unterprogramme zerlegt) vor, so berechnet sich die Komplexität aus

$$v(C) = e - n + 2p = \sum_{i=1}^{k} e_i - \sum_{i=1}^{k} n_i + 2k = \sum_{i=1}^{k} v(C_i), \quad (5.96)$$

wobei C_i die jeweiligen (k) Komponenten der Dekomposition darstellen.

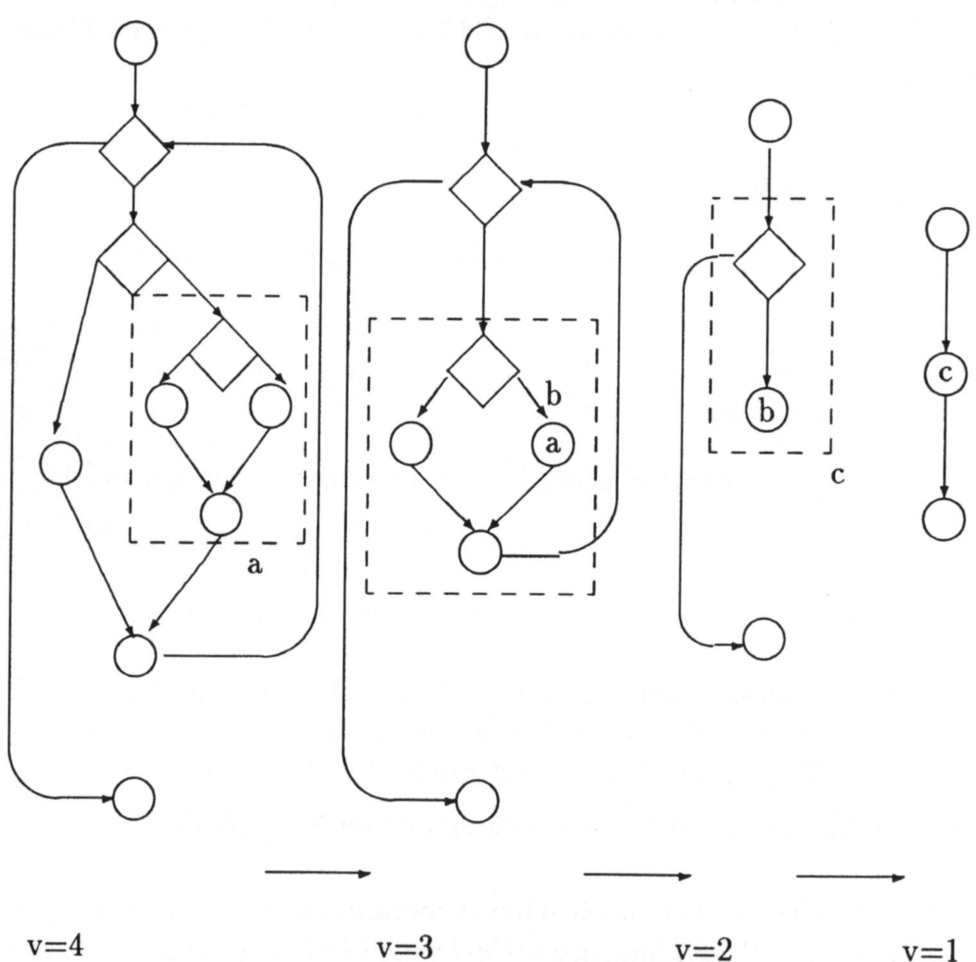

Abbildung 5.5: Reduzierbarkeit nach McCabe

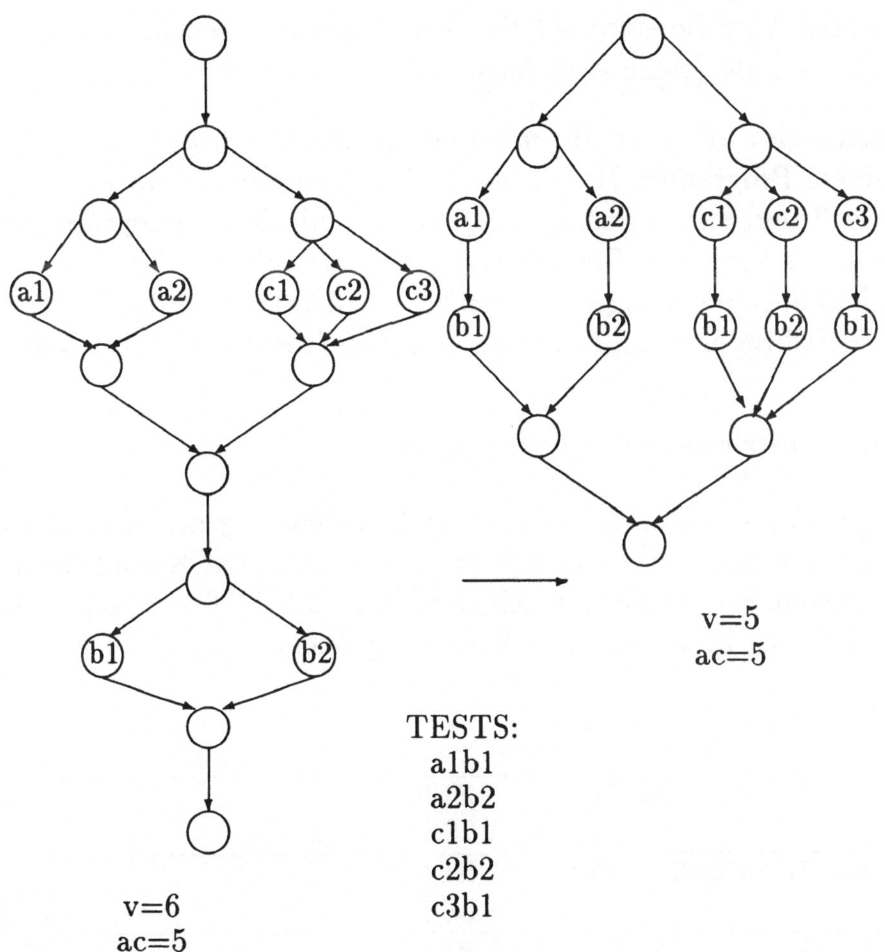

Abbildung 5.6: Reduzierung des Programmgraphen auf die aktuelle Komplexität

Nichtwohlstrukturiertheit: Sind Programme nicht im Sinne der Strukturierten Programmierung (also *nicht wohlstrukturiert*) aufgebaut, so ergibt sich ein Komplexitätswert von mindestens 3.

Reduzierbarkeit: Wohlstrukturierte Programme können auf einen Programmgraphen mit $v(G) = 1$ *reduziert* werden, in dem man schrittweise die einzelnen Strukturelemente zu einem Knoten zusammenfaßt (siehe Abb. 5.5).

Teststrategie: v(G) ist die *minimale Anzahl zu testender Pfade* in einem Programm. Damit ist im Test zumindest jede Anweisung des Programms einbezogen. Diese Anzahl (durch v repräsentiert) kann im konkreten Testfall durch die Kenntnis der aktuellen Komplexität (ac) verringert werden und ergibt einen für den konkreten Testfall reduzierten Programmgraphen (siehe z. B. Abb. 5.6).

5.5.3.1 Die Erweiterung von Myers

Myers geht davon aus, daß es für die Einschätzung der Komplexität nach McCabe ungünstig ist, daß die Länge bzw. die Kompliziertheit der Verzweigungsbedingungen keinen Einfluß hat ([276]). So sollten beispielsweise nach Myers die drei Anweisungsfolgen

```
A:  IF        (X=0)        THEN   ...
                           ELSE   ...
B:  IF   (X=0) & (Y>1)     THEN   ...
                           ELSE   ...
C:  IF        (X=0)        THEN
                                  IF (Y>1)  THEN  ...
                                            ELSE  ...
                           ELSE   ...
```

in ihrer Komplexität die Ordnung A<B<C besitzen. Nach McCabe erhält man allerdings V(A)=2, V(B)=3 und V(C)=3. Myers schlägt daher eine Intervallangabe für die Komplexität vor in der Form

Anzahl der Einzelbedingungen : McCabe-Zahl

und erhält somit für dieses Beispiel V(A)=2:2, V(B)=2:3 und V(C)=3:3, was in seiner Interpretation die oben genannten Reihenfolge bestätigt.

5.5.3.2 Die Hansen-Metrik

Hansen überprüfte die Erweiterung der McCabe-Zahl durch Myers und suchte eine bessere Erklärung für die Unterscheidung A < B ([171]). Er klassifiziert zunächst Verzweigungen als

(a) IF, CASE oder ähnliche alternative Konstrukte,

(b) iterative DO, DO-WHILE und ähnliche Wiederholkonstrukte,

(c) Verzweigungen im Sinne von (a) zuzüglich ELSE und

(d) jeden logischen Operator in einem IF.

Damit definiert Hansen drei Zyklenzahlen

- ▷ CYC-MAX: als Zahl, die alle vier Verzweigungsarten berücksichtigt,
- ▷ CYC-MID: als Zahl, die nur die ersten drei berücksichtigt und
- ▷ CYC-MIN: als Zahl, die nur die ersten beiden Verzweigungsarten berücksichtigt.

Danach stellt die Maßzahl nach Myers das Verhältnis CYC-MID : CYC-MAX dar. Hansen schlägt vor, das Wertepaar

CYC-MIN , Operatorenanzahl

zu verwenden. Unter Operatoren versteht Hansen einfache Operatoren (*+,-, and, substr* usw.), Zuweisungen, Subroutinen- und Funktionsaufrufe, Feldelementbezugnahmen und E/A-Anweisungen. Auf die Anweisungsbeispiele von Myers bezogen, erhält er

$$(2,1) < (2,3) < (3,2)$$

Diese Metrik erfüllt auch die seiner Meinung nach grundlegenden Charakteristika eines „guten" Komplexitätsmaßes:

- eine Übereinstimmung zur intuitiven Auffassung von der psychologischen Komplexität,
- die Möglichkeit des rechnergestützten Vergleiches von Programmversionen,
- keine Begrenzung auf eine spezielle Programmierungstechnik und
- die Unabhängigkeit von anderen Maßen.

5.5.3.3 Die Komplexität von Entscheidungstabellen

Eine Anwendung der McCabe-Metrik auf Entscheidungstabellen lautet nach [237]

$$V = \sum_{l}^{N} (Anzahl\ der\ Regeln) - (N + 1) + 2 \qquad (5.97)$$

mit N als Anzahl der gewerteten Entscheidungstabellen.

Um zu besseren Aussagen zu gelangen, sind sowohl Modifikationen der McCabe-Metrik vorgenommen (dargestellt u.a. in [414]) als auch Kombinationen mit anderen – wie beispielsweise der Halstead-Metrik ([308]) – experimentell bearbeitet worden. Die McCabe-Metrik (auch in ihrer Erweiterung (siehe 5.4)) ist hinsichtlich ihrer Eignung für die Komplexitätsbewertung allgemein anerkannt ([18]). Eine Anwendnung zur Bewertung von Rechnernetzen mit Hilfe der McCabe-Metrik wurde durch Hall und Preiser 1983 realisiert ([166], [167]).

5.5.4 Die MIN-Metrik von Chen

Die MIN-Metrik von Chen ([79]) wurde bereits 1977 entwickelt. MIN steht dabei für *Maximal Intersection Number* und ist ein topologisches Attribut des Steuerflußgraphen eines Programms[5]. Die MIN-Zahl selbst erhält man, indem man

- vom Eingang zum Ausgang des Strukturelements eine Kante zieht, die den (Teil-)Programmgraphen zu einem zusammenhängenden werden läßt (diese Verbindungskante teilt die Graphen in eine innere Fläche I und eine äußere Fläche O),
- jeweils einen Punkt der Flächen I und O auswählt und diese verbindet (die Verbindungslinie teilt den Graphen in verschiedene Bereiche (*Intersections*)),
- die maximale Anzahl derartiger Bereiche (als MIN) bestimmt,
- bei einer Sequenz von IF-Strukturen[6] die MIN-Zahl mittels

$$MIN = 2 - 2 * Anz(Teilstrukturen) + \sum_i MIN_i \qquad (5.98)$$

bestimmt.

In Abb. 5.7 ist dieser Algorithmus an zwei Beispielen dargestellt.

Die Berechnung von MIN für eine Struktursequenz zeigt die Abb. 5.8. Dabei ergibt sich gemäß der Formel für Struktursequenzen ein MIN-Wert von

$$\text{MIN} = 2 - 2 * 2 + (4 + 5) = 7$$

[5]Programme seien hierbei stets in der der Strukturierten Programmierung entsprechenden Form gegeben.

[6]Chen geht davon aus, daß von den drei Grundstrukturen der Strukturierten Programmierung (Sequenz, Selektion und Iteration) nur zwei unabhängig sind (Sequenz und Selektion) und die dritte (Iteration) eine abgeleitete Struktur darstellt. Daher wird sich bei der Berechnung auf IF's und Sequenzen beschränkt (die Iteration natürlich mit erfaßt).

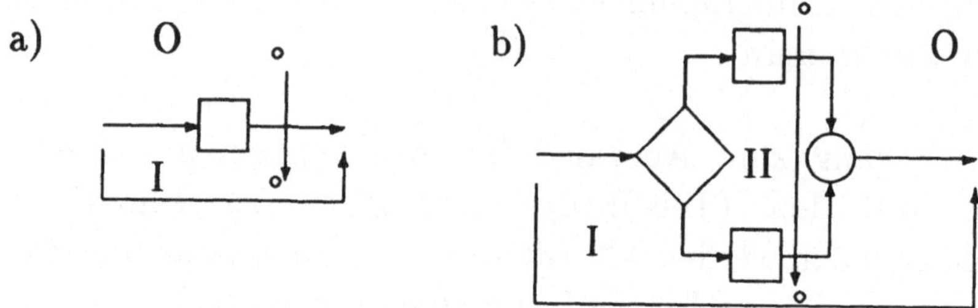

Abbildung 5.7: Bildung der MIN-Zahl für zwei Programmstrukturen

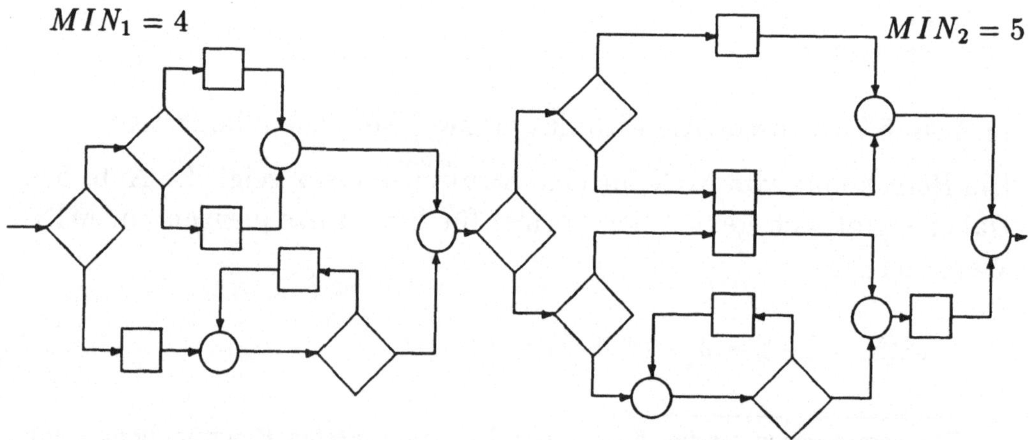

Abbildung 5.8: MIN-Berechnung für eine Struktursequenz

Eine weitere Interpretation von Chen für die MIN-Zahl ist

$$MIN = 1 + Z_n \tag{5.99}$$

mit Z_n als Entropie[7] und dessen Berechnung mittels

$$Z_n = 1 + \sum_{i=1}^{n-1} log_2(p_i X + q_i) \tag{5.100}$$

mit $X = 2$ (für die Alternativen), q_i als Wahrscheinlichkeit, daß ein IF sequentiell mit dem vorhergehenden verbunden ist und $p_i = 1 - q_i$ als Wahrscheinlichkeit für die andere (parallele) Verbindung. Chen zeigt in [79] die Korrelation zwischen MIN und der Produktivität eines Programmierers.

5.5.5 Die Logische Komplexität von Gilb

Gilb definierte 1977 ([158], S. 162) die logische Komplexität C_L als *Maß der Entscheidungslogik in einem System.* Sie berechnet sich als *Anzahl ,,nichtnormaler" Exits aus Entscheidungsanweisungen.* Eine gute Näherung wird durch

$$C_L = \textit{Anzahl der IF-Anweisungen} \tag{5.101}$$

erreicht. Gilb bezeichnet dabei die obige Berechnung als *absolute logische Komplexität* im Gegensatz zur *relativen logischen Komplexität* c_L, die sich durch

$$c_L = \frac{C_L}{\textit{Anzahl aller Anweisungen}} \tag{5.102}$$

berechnet. Das Maß wurde bereits zur Abschätzung von Compiler-Kosten erfolgreich eingesetzt.

---

[7]Entropie als ,,mittleren Entscheidungsgehalt" einer ,,Nachricht" (hier ,,Verzweigungsanteil" im Programm).

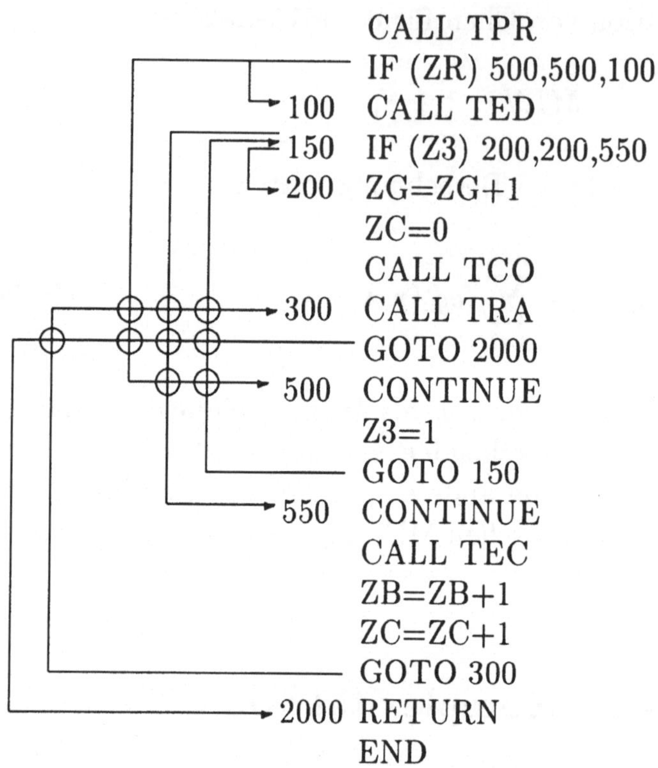

Abbildung 5.9: Anzahl von Kreuzungen in einem FORTRAN-Programmstück

5.5.6 Die Woodward-Metrik

Ausgangspunkt dieser Metrik ist die Analyse des Steuerflußgraphen hinsichtlich sogenannter „Kreuzungen" ([405]). So besitzt beispielsweise das in Abb. 5.9 gegebene FORTRAN-Programmstück 9 derartiger Kreuzungen.

Für eine Programmiersprache, in der je Zeile nur eine Anweisung formulierbar ist, wie beispielsweise FORTRAN, ist eine Anzahl von Kreuzungen definiert als:

> ein Sprung von a nach b „kreuzt" einen Sprung von p nach q (a, b, p und q als Zeilennummern), wenn gilt
>
> ∘ entweder $\min(a,b) < \min(p,q) < \max(a,b) \wedge \max(p,q) >$

$\max(a,b)$

- oder $\min(a,b)<\max(p,q)<\max(a,b) \wedge \min(p,q)< \min(a,b)$

Woodward, Hennell und Hedley ([405]) untersuchten diese Definition der Kreuzungen in einem Steuerflußgraphen auch für die Anwendungsfälle bei

weiteren Programmiersprachen: bei denen insbesondere eine Programmierzeile auch mehr als eine Anweisung enthalten kann

Komplikationen: die sich aus der Wirkung einer Anweisungzeile ergeben können, wie beispielsweise in

Variante 1:

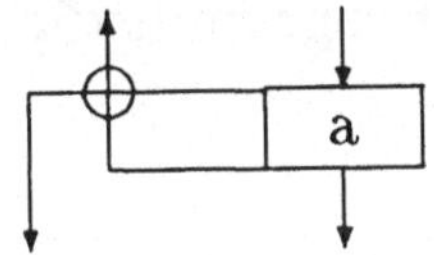

Variante 2:

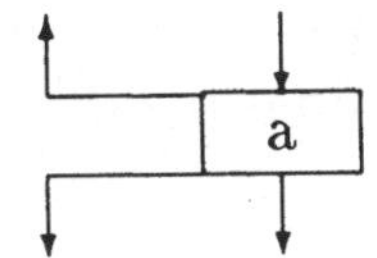

Restrukturierungen: bei der sich durch die Veränderung des Steuerflußgraphen für ein und denselben Algorihtmus auch die Anzahl der Kreuzungen verändert.

Die Anzahl der Kreuzungen (*Woodward-Metrik* genannt) wird als Maß der Komplexität bezeichnet. Eine Modifikation des in Abb. 5.9 angegebenen Programms zeigt Abb. 5.10.

Es besitzt nur noch 3 Kreuzungen. Woodward benutzte dieses Maß auch als Maß für die Strukturiertheit eines Programms. Es ist sprachbezogen anzuwenden und lautet zum Beispiel für FORTRAN:

Für die Anzahl von Kreuzungen für die jeweiligen Steuerstrukturen gilt

- Sequenzen haben keine Kreuzungen,

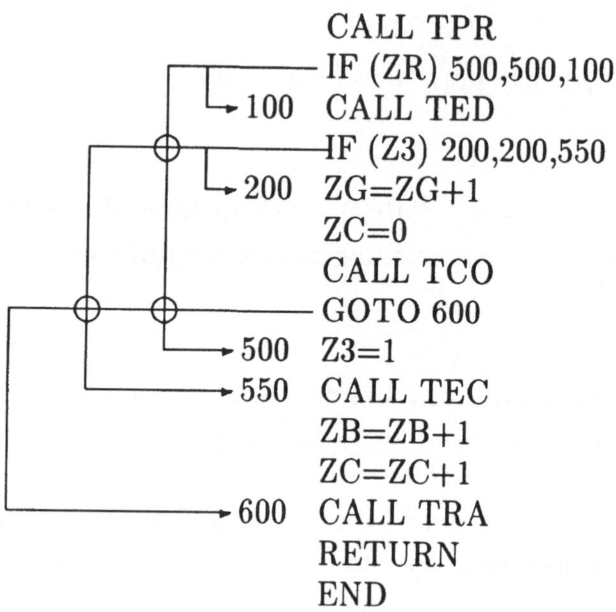

Abbildung 5.10: Modifiziertes FORTRAN-Programmstück mit geringerer Kreuzungsanzahl

- eine bedingte oder CASE-Anweisung mit n Pfaden besitzt

$$\sum_{r=1}^{n-1} r = \frac{(n-1)n}{2} \tag{5.103}$$

  Kreuzungen und

- while- und repeat-Schleifen können ohne Kreuzungen realisiert werden.

Dann gilt als hinreichende Bedingung für die Entscheidung, ob ein FORTRAN-Programm strukturiert ist.

> Ein FORTRAN-Programm ist *strukturiert*, wenn es nicht mehr als die durch die Anwendung der obigen Regeln ermittelten Kreuzungen besitzt.

Die hier definierte Metrik wurde auf die NAG-Bibliothek angewandt.

5.5.7 Eine Programmkomplexitätsmetrik von Oviedo

Bei der Bestimmung der Komplexität eines Programmes betrachtet Oviedo sowohl die Steuerfluß- als auch die Datenflußkomplexität ([175]). Es handelt sich also um ein zusammengesetztes Maß der Form

$$C = a * cf + b * df \tag{5.104}$$

mit cf für die Steuerflußkomplexität, df für die Datenflußkomplexität und a und b als Wichtungsfaktoren. cf berechnet sich einfach aus der Anzahl der Knoten des Steuerflußgraphen des Programms. Die Ermittlung von df ist etwas komplizierter. Ausgehend von den Begriffen der

Variablendefinition: als Wertzuweisung einer Variablen (z.B. in Eingabe- oder Ergibtanweisungen oder Funktionsaufrufen) und der

Variablenreferenz: als Anwendung einer Variablen (beispielsweise im Ausdruck einer Ergibtanweisung)

ist die Datenflußkomplexität eines Knotens n_i, genannt df_i, die Anzahl der vorherigen Definitionen, die – eine eventuelle Blockstruktur berücksichtigt – zu den in n_i verwendeten Variablen v reichen. Für den ersten Knoten des Programmgraphen gilt stets $n_0 = 0$. Damit lautet die Programmkomplexität ($a = b = 1$ gesetzt)

$$C = e + \sum_{i=1}^{|v|} df_i \tag{5.105}$$

mit e als Knotenzahl. Für das Programmbeispiel[8]

[8] Die Zusammenfassung mehrerer Anweisungen zu einem Knoten innerhalb der IF-Anweisung wurde aus [175] übernommen.

Anweisungsknoten	*Anweisungen*	
0	READ n,x,k	
0	IF n = 1 THEN	
1		x := 1
1		j := 2
1		m := 5
2	ELSE	k := 1
2		j := 3
2	ENDIF	
3	d := x+j+k	

ergibt sich eine Programmkomplexität von

$$C = 4 + (0 + 0 + 0 + 6) = 10$$

Der Wert 6 für den vierten Knoten n_3 ergibt sich daher, da jede Variable x, j und k jeweils 2 Definitionen besitzt.

5.5.8 Die Programmkomplexität nach Piwowarski

Ein Maß für die Komplexität von Programmen wurde von Piwowarski bei IBM 1982 entwickelt ([297]). Es ist eine Verbesserung der Halstead-Metrik und der zyklomatischen Zahl nach McCabe, da diese Metriken folgende Standpunkte nicht ausweisen

1. Ein strukturiertes Programm ist weniger komplex als ein unstrukturiertes.

2. Verschachtelte Steuerstrukturen sind komplexer als sequentielle.

3. Ein n-Wege CASE-Anweisung ist weniger komplex als eine äquivalente n-1 verschachtelte IF-Anweisung.

Bezogen auf die in Abb. 5.11 angegebenen Programmbeispiele, die in der folgenden Tabelle als Quellcode dargestellt sind, bedeutet das nach

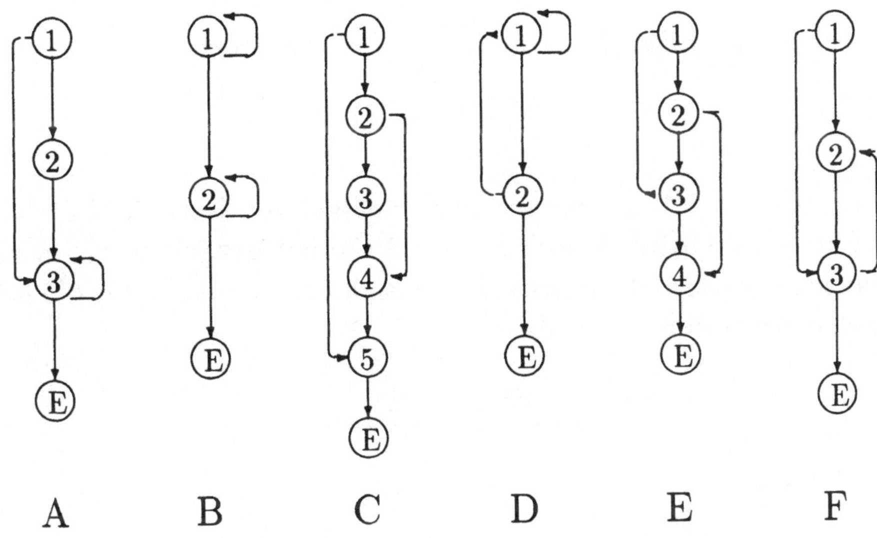

Abbildung 5.11: Programmbeispiele für die Piwowarski-Metrik

Piwowarski, daß ein „gutes" Komplexitätsmaß AB < CD < EF ergeben sollte.

Programm A	Programm B	Programm C
A:PROC; S1; IF P1 THEN S2; DO UNTIL (P3); S3; END; END A;	B:PROC; DO UNTIL (P1); S1; END; DO UNTIL (P2); S2; END; END B;	C:PROC; S1; IF P1 THEN DO· S2; IF P2 THEN S3; S4; END; S5; END C;
Programm D	**Programm E**	**Programm F**
D:PROC; L1:S1; IF P1 THEN GOTO L1; S2; IF P2 THEN GOTO L1; END D;	E:PROC; S1; IF P1 THEN DO; S2; IF P2 THEN GOTO L1; END; S3; L1:S4; END E;	F:PROC; S1; IF P1 THEN GOTO L1; DO UNTIL (P2); S2; L1:S3; END; END F;

Piwowarski schlägt daher als Komplexitätsberechnung

$$N = V^*(G) + \sum_i P_i \tag{5.106}$$

vor. Dabei ist $V^*(G)$ eine modifizierte zyklomatische Zahl in der Weise, daß für eine CASE-Anweisung *ein* Prädikat gezählt wird. P_i zählt die „verschachtelten" Prädikate, sodaß sich beispielsweise für die folgenden beiden Anweisungen ergibt

Anweisung	$V^*(G)$	P_i
IF P1 THEN		0
IF P2 THEN S1;	3	0
IF P1 & P2 THEN S1;	2	1

Damit ergibt sich für die in Abb. 5.11 angegebenen Programmbeispiele

Programm	A	B	C	D	E	F
N	3	3	4	4	5	5

und wird dem oben genannten Standpunkt für die Komplexität von Quellprogrammen eher gerecht. Es erlaubt nach Piwowarski eine Klassifikation von Programmen hinsichtlich des Wertes von N in

$$\textit{sequentiell} < \textit{verschachtelt} < \textit{unstrukturiert}\ .$$

Dieses Maß ist auch ein Beispiel für eine unvollständige Validierung. Zuse zeigte ([414]), daß beispielsweise die zweite Ungleichung $\textit{verschachtelt} < \textit{unstrukturiert}$ allgemein nicht gilt.

5.5.9 Ein Charakteristisches Polynom für die Komplexität

Um – im Gegensatz zu Halstead und McCabe – die den Programmelementen umgebenden Steuerstrukturen besser zu berücksichtigen ent-

mit nur einem Eingang und einem Ausgang, für dessen Teilstrukturen eine sogenannte Charakteristische Zahl CN (*Characteristic Number*) in folgender Wiese berechnet wird:

- Für jeden primitiven Knoten ist CN = 1.
- Innerhalb einer im Programmniveau J gegebenen Sequenz ergibt sich CN aus dem Produkt der CN's der Struktur selbst und den im Niveau J+1 befindlichen primitiven Knoten (das Programm selbst besitzt das Niveau 0).
- Eine Selektion ergibt eine *Summe* der CN's und den enthaltenen Knoten mit dem Ausgangsgrad kleiner 2.
- Ein Zyklus berechnet sich aus der inneren Struktur bzw. den primitiven Knoten *multipliziert* mit dem sogenannten *Zyklusgewicht* c.

Das *Charakteristische Polynom* (PCN) eines Programms erhält man schließlich durch sukzessive Berechnung der CN vom Programm (Niveau 0) ausgehend. Ein erstes Berechnungsbeispiel ist in Abb. 5.12 gegeben.

Die Berechnung zeigt die folgende Tabelle

primitive Knoten bzw. Strukturen	*CN*
n1,n2,n3,n4,n5,n6,n7,n8,n9	1
S5	$(1+1)=2$
S4	$(1*2)=2$
S3	$(1+2)*c=3c$
S2	$(1+1)=2$
S1	$(1*2*3c*1)=6c$

Weitere Berechnungsbeispielse im Vergleich mit den McCabe-Zahlen zeigt Abb. 5.13. Die Einführung der Größe c ermöglicht eine subjektive Bewertung des Anwachsens der Komplexität beim Auftreten von Programmschleifen. Der Grad des Polynoms drückt die schleifenbezogene Verschachtelung aus.

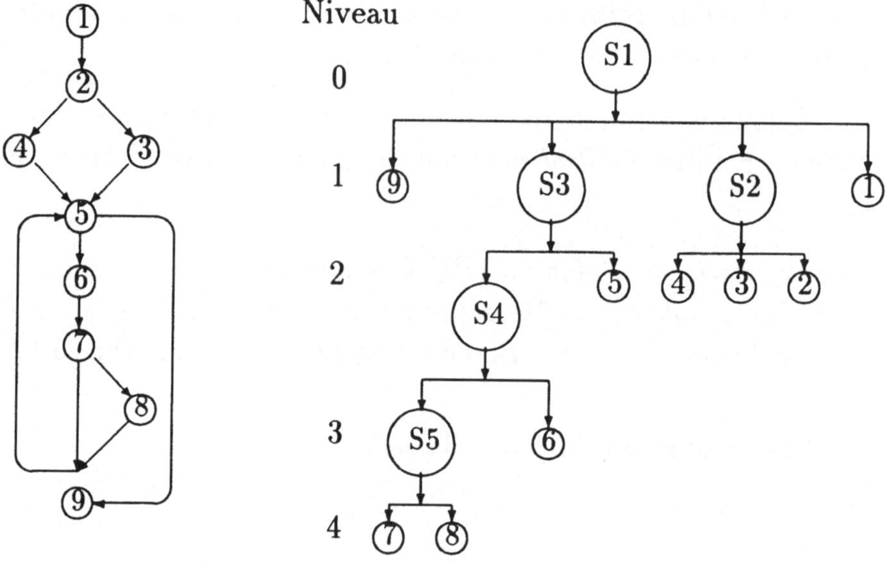

Abbildung 5.12: Berechnung der Charakteritischen Zahl eines Programmgraphen

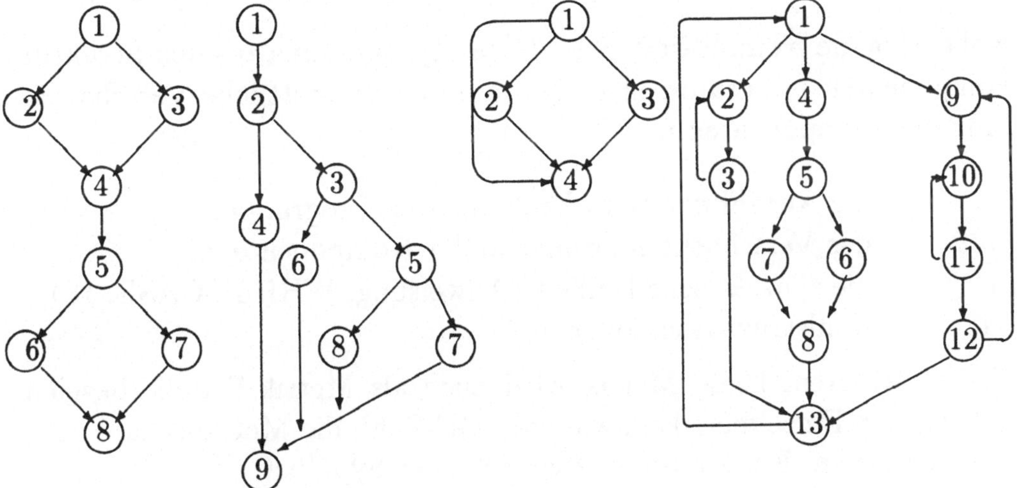

PCN = 4 PCN = 4 PCN = 2c $\text{PCN} = 3c^2 + c^3$

McCabe = 3 McCabe = 4 McCabe = 3 McCabe = 8

Abbildung 5.13: Berechnungsbeispiele für das Charakteristische Polynom PCN

5.5.10 Eine hybride Metrik von Basili und Hutchens

Basili und Hutchens ([26]) entwickelten eine hybride (hinsichtlich Mischung von Umfang- und Steuerfluß-Metrik) Metrik(-Familie) **SynC** (*Syntactic Complexity*) mit der allgemeinen Berechnungsformel

$$c(p) = b\sum_{i=1}^{k} c(p_i) + f(n, lev, t, s) \tag{5.107}$$

wobei sich die Komplexität c des Gesamtprogramms aus den Strukturkomponenten p_i zusammensetzt, b die durchschnittliche Verschachtelung der Komponenten und f eine Funktion darstellt, in der

n	–	die Anzahl der Entscheidungen im Programm,
lev	–	das Verschachtelungsniveau der Komponente p_i,
t	–	die syntaktische Einheit (Anweisung, WHILE, CASE, IF),
s	–	wohlstrukturiert oder nicht

charakterisieren. Diese Metrik wird auch als Metrik-Familie bezeichnet, da sich Einzelmetriken, wie die LOC-Zahl, die McCabe-Zahl u. a., ableiten lassen. Ein konkretes Beispiel einer SynC ist

$$c(p) = 1,1 * \sum_{i=1}^{k} c(p_i) + \begin{cases} 1 + log2(n+1) & : \ wohlstrukturiert \\ 2(1 + log2(n+1)) & : \ sonst \end{cases} \tag{5.108}$$

Diese Metrik schließt

- das Verschachtelungsniveau,
- die Länge (als Anweisungsanzahl),
- den Strukturierungsaspekt (mit der Wohlstrukturierung für die Berücksichtigung der Regeln der Strukturierten Programmierung) und
- die Favorisierung der CASE-Anweisung vor dem verschachtelten IF[9]

[9] Andere Metriken, wie beispielsweise McCabe's, zeigen hinsichtlich ihrer Maßzahl nicht die allgemein anerkannte Verbesserung einer IF-Verschachtelung durch

ein und ermöglicht darüber hinaus die Ableitung einiger oben genannter (in dem hier gezeigten Sinne) „Spezial"-Metriken.

5.5.11 Die Programmaße von Elshoff

Elshoff ([137]) definierte die folgenden 20 Programmcharaktersitika

Quellcodezeilen: *(Source Lines)* als Anzahl aller Zeilen (einschließlich Kommentar- und Leerzeilen),

Eingabezeilen: *(Input Lines)* als Eingabezeilen für den Compiler (also beispielsweise nach der Makroauflösung durch Preprozessoren u. ä. m.),

Anweisungen: *(Statements)* als Anzahl der Anweisungen einschließlich der Definitionsanweisungen (also für PL/1 z.B. die DECLARE-Anweisung),

Bezeichner: *(Identifiers)* als Anzahl aller definierten Bezeichner, auch wenn sie im Programm nicht weiter benutzt wurden,

Prädikate: *(Predicates)* als zyklomatische Komplexität von McCabe,

Bedingungen: *(Conditions)* als Anzahl der Prädikate zuzüglich der logischen Operatoren in den Prädikaten (z. B. enthält das *eine* Prädikat $(A < B) \& (C > D)$ *zwei* Bedingungen),

Blöcke: *(Blocks)* als Anzahl der Prozeduren, BEGIN-, DO-, IF-, ON- und SELECT-Anweisungen (PL/1-bezogen),

Anwweisungen vom Niveau 10: *(Statements at Level 10)* als Anzahl der Anweisungen, die eine Verschachtelungstiefe von 10 und mehr besitzen,

Aufrufe: *(Call Statements)* als CALL-Anzahl

unterschiedliche Operatoren: *(Unique Operators)* als die Anzahl verschiedener Operatoren im Programm,

---

eine CASE-Anweisung.

unterschiedliche Operanden: *(Unique Operands)* als die Anzahl verschiedener Operanden (Variablen und Konstanten),

Operatoren insgesamt: *(Total Operators)* als Gesamtzahl der vorhandenen Operatoren,

Operanden insgesamt: *(Total Operands)* als Gesamtzahl der verwendeten Operanden,

Vokabular: *(Vocabulary)* als Summe der unterschiedlichen Operatoren und Operanden,

Programmlänge: *(Length)* als Summer aller vorhandenen Operatoren und Operanden,

Programmumfang: *(Volume)* als minimale Anzahl von Bits, die ein Programm repräsentieren (nach der Huffman-Formel für die Dekodierung berechnet sich diese Anzahl zu

$$Umfang = Länge * log_2(Vokabular)), \tag{5.109}$$

Datenkompliziertheit: *(Data Difficulty)* als durchschnittliche Anzahl des Auftretens eines Operanden,

Kompliziertheit: *(Difficulty)* als die Hälfte des Produktes aus den unterschiedlichen Operatoren und der Datenkompliziertheit,

Verständnisaufwand: *(Understand Effort)* ist der Aufwand für das Verstehen des Programms und berechnet sich aus dem Produkt des Programmumfanges mit der Kompliziertheit und

Programmieraufwand: *(Construction Effort)* als notwendiger Aufwand, der die Fähigkeiten des Programmierens bestimmt.

und untersuchte Korrelationen zwischen diesen Größen. Er widmete sich vor allem dem Verständnisaufwand V und kam zu folgender Berechnungsform

$$\begin{aligned} V \; = \; & Länge * log_2(unterschiedliche\ Operatoren \\ & + unterschiedl. Operanden) * unterschiedl.\ Operatoren \\ & * Datenkompliziertheit \end{aligned} \tag{5.110}$$

Diese Formel ermöglicht weiterere Interpretationen als die Halstead-Maße und kann dadurch bessere Hinweise auf den „optimaleren" Programmierstil geben.

5.5.12 Die Tai-Metrik

Diese Metrik ([374]) ist eine sogenannte *Datenflußmetrik* und zählt zu den „Verbesserungen" der o.g. McCabe-Metrik. Sie betrachtet den Einfluß der Datendefintion und deren Gebrauch in einer Bedingung einer IF-Anweisung oder WHILE-Schleife; d.h. sie reduziert die theoretische Vielfalt der Programmpfade auf die durch Datendefinitionen (bzw. Zuweisungen) und deren Anwendung in den Verzweigungsbedingungen eingeschränkte Menge. Unterschieden wird dabei in eine

Datendefinition: (*Data Definition*) als Definition bzw. Erzeugung von Daten bzw. Datenwerten im weiteren Sinne (initiale Wertbelegung, Ergibtanweisung usw.) kurz mit D bezeichnet;

Datenverwendung: (*Data Use*) als Anwendung des Datums bzw. dessen Wertes (z.B. in Bedingungen von IF-, WHILE- und anderen Anweisungen) kurz U genannt.

In den in Abb. 5.14 gegebenen Anweisungdarstellungen steht „( )" für eine Bedingung und „[ ]" für eine Anwendung.

Der Wert der Tai-Metrik ergibt sich aus der Anzahl sogenannter DU-Tupel. Dabei steht D für Datendefinition und U für die Anwendung. Für eine konkrete Berechnung ist zu beachten

1. Die Steuerstruktur eines Programms beinhalte nur die drei Grundstrukturen Sequenz, IF-Anweisung und WHILE-Anweisung.

2. Ein DU-Tupel entsteht durch den möglichen Zusammenhang eines Definitionspunktes (zu Beginn initial) mit u. U. mehreren Anwendungspunkten im Programm.

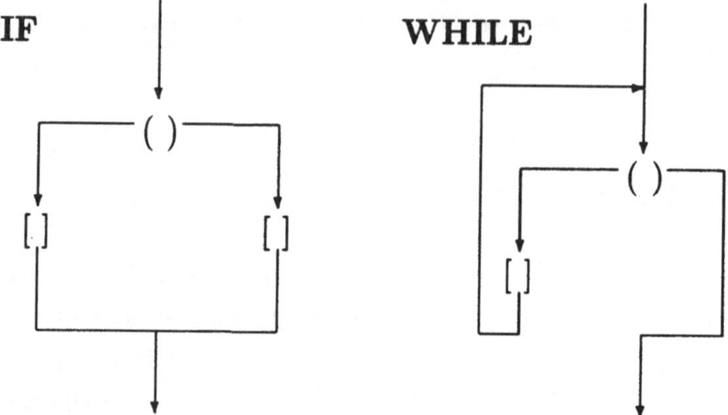

Abbildung 5.14: Definitions- und Anwendungspunkte in Steuerstrukturen

3. In einer IF-Anweisung wird nur ein Zweig wirklich durchlaufen und ist daher u. U. nur ein DU-Tupel gegeben, sofern der IF-Zweig nicht noch in weitere Strukturen verschachtelt ist.

4. In einer WHILE-Struktur ist immer ein DU-Tupel gegeben.

5. Man beachte, daß bei hintereinanderliegenden Strukturen eine Definition in ihrem Zusammenhang mit allen nachfolgenden Anwendungspunkten zu berücksichtigen ist.

Die Abb. 5.15 zeigt Berechnungsbeispiele mit den jeweiligen Teilwerten. Die Abb. 5.16 zeigt Beispiele und ihren Gesamtkomplexitätswert.

Ein Näherungsalgorithmus zur Berechnung der Tai-Metrik für eine Quellprogrammauswertung ist in [356] beschrieben. Eine Verbesserung zur McCabe-Metrik besteht nach Tai u. a. darin, daß seine Metrik folgende Programmstrukturformen differenziert:

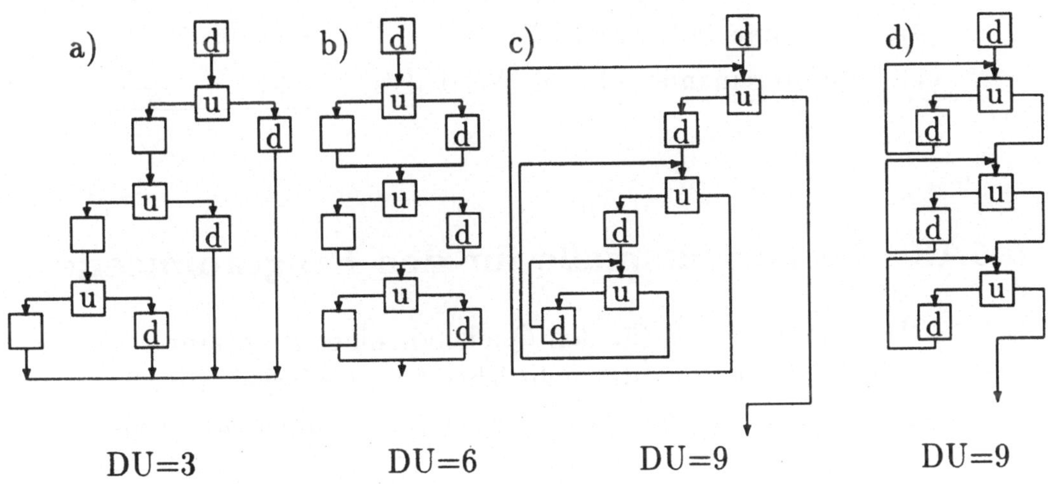

Abbildung 5.15: Schrittweise Bestimmung der Tai-Zahl

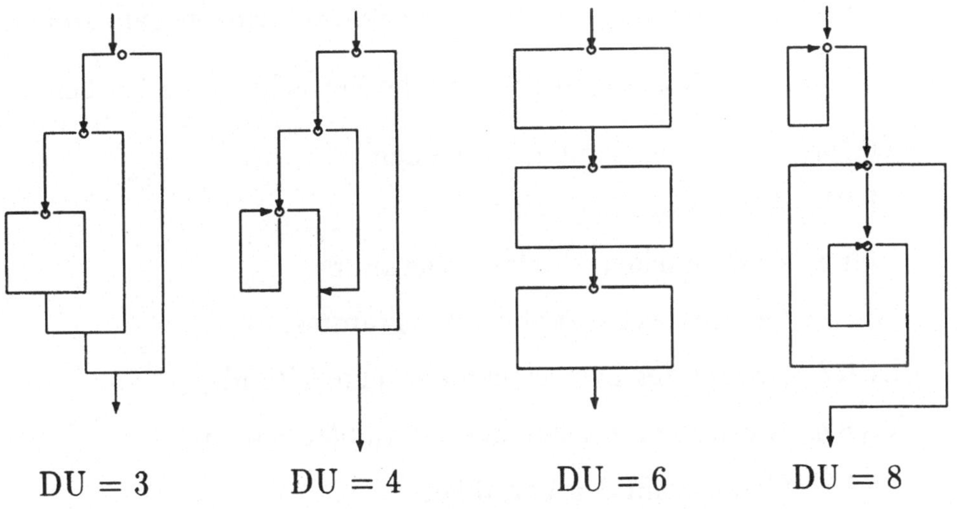

Abbildung 5.16: Berechnungsbeispiele zur Tai-Metrik

	Strukturform	*McCabe*	*Tai*
(1)	n verschachtelte IF's	n+1	n
(2)	n hintereinanderfolgende IF's	n+1	$\frac{n(n+1)}{2}$
(3)	n verchachtelte WHILE's	n+1	$\frac{n(n+3)}{2}$
(4)	n hintereinanderfolgende WHILE's	n+1	$\frac{n(n+3)}{2}$

5.5.13 Lesbarkeitsmaße für den Programmcode

Bei den Lesbarkeitsmaßen für den Quellcode eines Programms geht es um die Einschätzung von Übersichtlichkeit und Klarheit im allgemeinen. Zwei Maße hierzu sind beispielsweise (entnommen aus [186])

Lesbarkeit von DeYoung/Kampens: Sie berechnet sich durch

$$R = 0,295 * var + 0,499 * nsl + 0,13 * cyclo \tag{5.111}$$

wobei *var* für die durchschnittliche Variablennamenslänge, *nsl* für die Anzahl der Programmzeilen mit Anweisungen (also ohne Definitionen) und *cyclo* für die Programmsprungzahl stehen.

Lesbarkeit nach Joergensen: Sie berücksichtigt die Größen

KOMM: Anzahl der Kommentarzeilen,

LEER: Anzahl der Leerzeilen,

GES: Gesamtzeilenzahl des Programms,

GESZ: Gesamtzeichenzahl des Programms,

LEERZ: Anzahl der Leerzeichen am linken Rand,

VARZ: Anzahl der Zeichen aller Variablennamen,

VAR: Gesamtzahl der Variablen,

OPER: Anzahl der arithmetischen Operatoren,

GOTO: Anzahl der GOTO's und

MARK: Anzahl der Marken

und berechnet sich zu

$$R = 5,7 - \frac{6,1 * KOMM}{GESZ} - \frac{4,7 * LEERZ}{GESZ} - \frac{2,3 * LEER}{GES} - \frac{1,5 * VARZ}{VAR} + \frac{0,64 * OPER}{GES} + \frac{21 * GOTO}{MARK} \quad (5.112)$$

5.5.14 Die Berns-Metrik

Eine anweisungsbezogene Metrik wurde von Berns ([42]) 1984 aufgestellt und definiert als Maß eines Quellprogramm dessen „Schwierigkeit" (*Difficulty*), um damit den Wartungsaufwand in einer bestimmten Software-Umgebung und auf eine bestimmte Programmiersprachklasse bezogen einschätzen zu können. Ausgangspunkt ist die Unterscheidung von Charakteristika eines Quellprogrammes in

syntaktische Elemente: dazu gehören die Variablen, Konstanten, Marken, Unterprogramme usw. und

syntaktische Attribute: damit werden besipielsweise implizite Definitionen, Aliasnamen, Wertänderungen und Datentypen erfaßt.

Die Gesamtschwierigkeit drückt sich in einem Zahlenwert aus, der sich aus der Auflistung der Programmelemente und ihren durch Berns definierten Gewichten (Gew.) und Faktoren berechnet. Die Untersuchungen beziehen sich vor allem auf FORTRAN-Programme, sodaß die Bewertungstabellen für die Bezeichnungen, Konstanten und Operatoren lauten

Bezeichnung	Gew.	Konstante	Gew.	Operator	Gew.
Parameter	1,00	Logical	0	EQV,XOR	0,50
Variable	0,85	Integer	0	OR,AND	0,25
Array	1,50	Real	0,05	NOT	1,00
Function	2,00	Hexadecimal	0,10	Relational	0,20
Statement function	1,80	Octal	0,10	+-//	0,20
Subroutine	2,00	Character	0,10	/	0,30
Common	0	Hollerith	0,10	*	0,25
Label	1,00	Radix-50	0,10	**	0,50

Für die Anweisungen definiert Berns folgende Gewichte

Anweisung	Gew.	Anweisung	Gew.	Anweisung	Gew.
ASSIGNEMNT	0	ELSE	0	OPEN	2,00
ACCEPT	3,00	ELSE IF	4,00	PARAMETER	0
ASSIGN	2,00	ENCODE	3,00	PAUSE	0,10
BACKSPACE	4,00	END	0,10	PRINT	3,00
BLOCK DATA	1,00	END DO	0	PROGRAM	0
BYTE	0	ENDFILE	1,00	READ	3,00
CALL	1,00	END IF	0	REAL	0
CHARACTER	0	ENTRY	10,0	1. RETURN	0,10
CLOSE	0,10	EQUIV.	0	n. RETURN	12,1
COMMON	0	EXTERNAL	0	REWRITE	3,00
COMPLEX	0	FIND	1,00	REWIND	1,00
CONTINUE	0	FORMAT	0,10	SAVE	10,0
DATA	0	FUNCTION	4,00	Funktionsdef.	0
DECODE	3,00	GO TO	10,0	STOP	0,10
DEFINE FILE	0,10	IF	5,00	SUBROUTINE	4,00
DELETE	4,00	IMPLICIT	0	TYPE	3,00
DIMENSION	0	INCLUDE	0	UNLOCK	4,00
DO	7,00	INQUIRE	2,00	VIRTUAL	3,00
DOUBLE COMPL.	0	INTEGER	0	WRITE	3,00
DOUBLE PREC.	0	INTRINSIC	3,00		
DO WHILE	7,00	LOGICAL	0		

Als Gewichte für die Attribute legt Berns fest

Referenzen	Gew.	Datentypen	Gew.	Attribute	Gew.
leeres Argument		LOGICAL*1	0,10	Wertänderung	0,15
als Funktionsname		LOGICAL*2	0,05	leeres Argument	0,30
u.ä.	4,00	LOGICAL*4	0	Aufrufargument	0,30
Bezug zu einer		INTEGER*2	0,05	implizite	
„built-in"-Fkt.	15,0	INTEGER*4	0	Definition	0,50
einfache Anwendg.		REAL*4	0,05	Common Block	1,00
eines anderen Prgr.	30,0	REAL*8	0	EQUIVAL.	0,50
Markendefinition	0,5-	REAL*16	0,05	Rückbezug	
	75,0	COMPLEX*8	0,20	beim Sprung	3,00
Schnittstelle	30,0	COMPLEX*16	0,25		

Ein Beispiel einer Programmbewertung aus [42] lautet

	Programmanweisungen	Bewertung
	PROGRAM EXAMPLE	0
	INTEGER*2 A, B(10), C, J	0
	COMMON /DC/ A, C	0
	EQUIVALENCE (C, B(1))	0
100	FORMAT (I5, I<A + 2>)	2,14
	READ (5, 100) A, C	9,18
	DO 200 I = A, C	13,94
	IF (IAND(I, 1) .EQ. 0) B(I) = I + 2	16,80
200	J = C + I	5,19
	CALL SUBR	3,00
	STOP	0,10
	END	0,10
	Schwierigkeitsgrad insgesamt	50,00

Berns implementierte zur Anwendung dieser Metrik ein Tool MAT und wertete damit nahezu 1000 FORTRAN-Programme einer Bibliothek aus. Dabei kam er beispielsweise zu folgenden Aussagen:

- Das „schwierigste" Programm hatte einen Metrikwert von 13812. Es wurde durch einen Preprozessor generiert.
- Das „schwierigste" handgeschriebene Programm hatte einen Metrikwert von 9791.
- Berns schätzte ein, daß ein „guter Metrikwert" kleiner als 1200 sein sollte.

Ein ähnlicher Ansatz – mit Wichtungsangaben für Anweisungsklassen – beschreibt Poore in [298].

5.5.15 Ein Komplexitätsmaß von Stetter

Ähnlich der Tai-Metrik versucht Stetter, die Datenstrukturen in einem Komplexitätsmaß (allerdings zuzüglich des Steuerflusses) zu erfassen

([365], [368]). Ausgangspunkt ist die Definition eines *Flußgraphen* als $H_P = (N, K)$ eines Programmes P mit N als Menge der Knoten $\{n_i\}$ (als Anweisung *oder* Vereinbarung) und K als Menge der Kanten $k_{ij} = (n_i, n_j)$ in den Bedeutungen

- sind n_i und n_j Anweisungsknoten, so stellt k_{ij} die sequentielle Ausführung beider Anweisungen dar;
- ist n_i ein Anweisungsknoten und n_j ein Vereinbarungsknoten, so beschreibt k_{ij} eine u. U. wertändernde Wirkung einer in n_j definierten Variablen durch n_i;
- ist n_i Vereinbarungsknoten und n_j Anweisungsknoten, so kennzeichnet k_{ij} einen eventuell lesenden Zugriff auf eine in n_i definierte Variable durch n_j.

Damit definiert Stetter die *Flußkomplexität* F(P) eines Programmes P mit dem Flußgraphen H_P als

$$F(P) = k - n + s + e \tag{5.113}$$

mit

k: Anzahl der Kanten von H_P,
n: Anzahl der Knoten von H_P (als Summe der Anzahlen von Anweisungen, Variablen und Konstanten),
s: Anzahl der Startknoten von H_P,
e: Anzahl der Endknoten von H_P.

Ein Beispiel aus [368] lautet

```
program    SORT (input,output);
type       matrix = array [1..50] of integer;                    D1
var        N, NN: integer;                                       D2
           Feld : matrix;                                        D3
procedure  AUSTAUSCH (N:integer; var Feld: matrix);              D4
           var Grenze, Lauf, Hilf: integer;                      D5
           begin
           for Grenze:=N-1 downto 1 do                           A1
           for Lauf:=1 to Grenze do                              A2
           begin
           if Feld[Lauf+1] < Feld[Lauf] then                     A3
           begin
           Hilf := Feld[Lauf];                                   A4
           Feld[Lauf] := Feld[Lauf+1];                           A5
           Feld[Lauf+1] := Hilf                                  A6
           end end end;
begin
           N := 0;                                               A7
           while (N < 50) and (not eof) do                       A8
           begin
           N := N + 1;                                           A9
           read(Feld[N])                                         A10
           end;
           AUSTAUSCH(N,Feld);                                    A11
           for NN:=1 to N do                                     A12
           write(Feld[NN],' ')                                   A13
end.
```

Danach ergibt sich

$F_{ProzedurAUSTAUSCH}$ = k - n + s + e = 26 - (3+6) + 1 + 1 = 19

$F_{Hauptprogramm}$ = k - n + s + e = 24 -(3+7) + 1 + 1 = 16

und somit als Gesamtkomplexität $F_{SORT} = 19 + 16 = 35$.
Nach Meinung von Stetter hat dieses Maß folgende Vorteile

- ▷ Eine lineare Sequenz hat nicht mehr den konstanten Komplexitätswert 1 (siehe McCabe).

- ▷ Im allgemeinen ist die Flußkomplexität einer Schleife größer als die einer Verzweigungsanweisung.

- ▷ Die Anzahl der Variablen und Konstanten beeinflußt unmittelbar den Wert von F(P).

- ▷ Die Zahl der Datenzugriffe trägt zum Wert von F(P) bei.

5.5.16 Die Code-Metriken von Bell

Die Code-Metriken von Bell Canada in einem Gemeinschaftsprojekt mit den Hochschulen entwickelt ([320]) stellen eine Mischung reiner programmgraph-orientierten und anweisungsbewertender Metriken dar. In den folgenden Tabellen sind diese Metriken bezogen auf den Steuerflußprogrammgraphen aufgelistet.

Basismaße	
Abkürzung	*Bedeutung*
E	Anzahl der Kanten
K	Anzahl der sich kreuzenden Kanten
Ncn	Anzahl der Entscheidungsknoten (Ausgangsgrad größer als zwei)
Ne	Anzahl der Austrittsknoten (einem RETURN entsprechend)
Ni	Anzahl von Eingangsknoten des Programmgraphen
Nl	Anzahl von Schleifen (als Anzahl rückführender Kanten)
V	Anzahl der Knoten des Programmgraphen
Vp	Anzahl „freihängender" Knoten (als Knoten, die einen Eingangsgrad von Null haben und nicht zu den Eingangsknoten des Programmgraphen zählen)
Nbe	Anzahl abarbeitbarer Anweisungen
Nbt	Gesamtzahl der Zeilen (LOC)
Bs	Anzahl von Kantenkreuzungen, die zur Verletzung der Regeln der Strukturierten Programmierung beitragen
Nr	Anzahl eine Rekursion beschreibende Knoten
Vcd	Zeichenanzahl der Kommentare im Deklarationsteil des Programms
Vcs	Zeichenanzahl der Kommentare im Anweisungsteil des Programms

Diese Basismaße dienen der Ableitung einer Reihe von weiteren Metriken, die in der folgenden Tabelle aufgelistet sind.

abgeleitete Maße	
Abkürzung	*Bedeutung*
Nelmax	maximales Verschachtelungsniveau
Np	Anzahl unabhängiger Programmpfade (als Anzahl aller möglichen Wege von den Eingangsknoten bis zu den Ausgangsknoten (Schleifen nur einmal durchlaufen))
Nel	durchschnittliches Verschachtelungsniveau
Nelmax	maximales Nel
Psc	durchschnittliche Anzahl der Knoten innerhalb einer Verzweigung
Pscmax	maximales Psc
Vg	zyklomatische Zahl (McCabe-Maß): E - V + 2
Vs	struktureller Umfang: (E - V + 1)/6
Ls	durchschnittliche Länge der Variablennamen
Bsp	gewichtetes Bs
Nelw	gewichtetes Nel
Rlw	relatives Schleifengewicht (als Summe der in der Schleife vorhandenen (Kanten-)Gewichte zur Gesamtsumme der Gewichte
Vw	Summe aller (Kanten-)Gewichte des Programmgraphen
RVc	relativer Kommentarumfang: Vs/(Vcd + Vcs)
Rac	prozentuales Verhältnis der kommentierten Kanten zu den Kanten mit einem Gewicht größer Null
Rls	Verhältnis des „strukturellen Umfangs" einer Schleife zum Gesamtprogramm
Rnc	Verhältnis kommentierter (Entscheidungs-)Knoten zur Gesamtzahl der (Entscheidungs-)Knoten
Nc	durchschnittliche Knotenkomplexität (bezogen auf die Entscheidungsknoten) mit der Berechnung dieser Komplexität für einen Knoten: Anz(Operatoren) + Anz(Variablen) - 1
Ncmax	als maximales Nc

Diese Software-Metriken sind auch Grundlage für eine tool-gestützte Bewertung (siehe auch 7.6). Dabei sind auch „Normalwerte" zur möglichen Auswertung angegeben. Dennoch fehlt eine detaillierte Validierung in [320] (siehe Kapitel 6).

5.5.17 Code-Metriken für Bibliothekskonzepte

Bei den bisher genannten Code-Metriken wird zumeist ein spezieller Programmausschnitt oder ein Programm betrachtet, nur zum Teil auch einmal Funktionen und Unterprogramme und deren Aufrufe. Für die Handhabbarkeit der Programme ist jedoch die jeweils zugrunde gelegte Programmiertechnik oft eines der wesentlichsten Einflußgrößen. Für die meisten Programmiersprachen ist es zum Beispiel möglich, Programmbibliotheken zu nutzen. Man denke dabei nur an die umfangreichen FORTRAN-Bibliotheken zu mathematischen Verfahren. Manche Programmiersprachen – wie beispielsweise C – sind geradezu darauf ausgelegt, ausschließlich mit Programm- bzw. Unterprogrammbibliotheken zu arbeiten. Die Komplexität derartiger Programme ist daher vor allem durch

> *die Berücksichtigung der Datenflußkomplexität mit der Sinnübertragung der Datendefinition als Prozedur- oder Funktionsdefinition*

gekennzeichnet. Damit können solche Metriken wie die von Oviedo (5.5.7) u. ä. zur Anwendung kommen. Für eine besondere Bibliotheksform – den Paketen in ADA beispielsweise – sind in [157] die Metriken für

- den Komponentenzugriff und
- die Überschaubarkeit

definiert und an ausgewählten Programmen angewandt worden.

5.5.18 Code-Metriken für nichtprozedurale Programmiersprachen

Ähnlich der besonderen Rolle der Programmiertechnik ist natürlich das Paradigma der verwendeten Programmiersprache eine wesentliche Einflußgröße auf die Art und Weise der Bestimmung der psychologischen Komplexität der jeweiligen Programme. Eine einfache Übertragung der bisher behandelten Code-Metriken führt zu ungerechtfertigten Bewertungen ([58]. Für zwei Arten der nichtprozeduralen Programmierung[10] soll diese Komplexitätsbestimmung näher betrachtet werden.

5.5.18.1 Funktionale Programmiersprachen

Das Programmieren mit funktionalen Programmiersprachen stellt eine konsequente Anwendung des sogenannten λ-Kalküls für die Form der Anweisungen dar. Das Problem wird durch Funktionen beschrieben, die hierarchisch formuliert und im allgemeinen rekursiv definiert sind. Eine derartige Definition für die Berechnung der Fakultät $n!$ einer natürlichen Zahl lautet ([208])

$$\textbf{def}\ \mathrm{fac} = \lambda\ \mathrm{n}.\ \textbf{if}\ \mathrm{n} \leq 1\ \textbf{then}\ 1\ \textbf{else}\ \mathrm{n} * \mathrm{fac(n\text{-}1)}$$

Bei der Programmierung kann dabei die psychologische Komplexität nicht wie bei imperativen Sprachen bestimmt werden, da sie beispielsweise nicht einfach kumulativ mit der Anweisungszahl wächst. Die dem obigen Sprachausdruck entsprechende graphische Interpretation hat nach [208] die in Abb. 5.17 dargestellte Form.

Es handelt sich dabei um einen sogenannten Call-Graphen (siehe auch [330]). Die Kante von „rec" nach „λ" kennzeichnet die Rekursion. Auf diesen Graphen sind dann die jeweiligen Komplexitätsmaße (siehe Abschnitt 5.5) anwendbar. Eine Anwendung von Code-Metriken für die funktionale Programmiersprache MIRANDA ist in [369] beschrieben.

5.5.18.2 Logische Programmiersprachen

Analog zur funktionalen Programmierung sind auch bei der logischen Programmierung die „klassischen" Code-Metriken nicht ohne weiteres

[10] Die hier behandelten Paradigmen werden auch als *applikative* Programmiersprachen im Gegensatz zu den bisher behandelten *imperativen* Programmiersprachen bezeichnet.

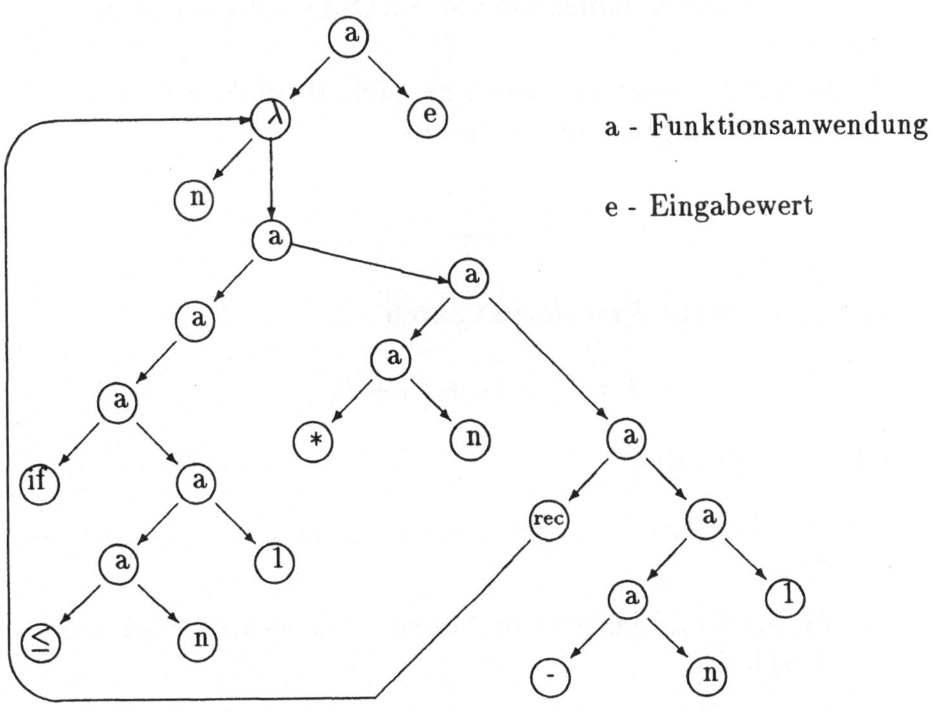

Abbildung 5.17: Call-Graph einer funktionalen Anweisung

bzw. sinnvoll anwendbar. Das soll am Beispiel der Programmiersprache PROLOG gezeigt werden. Diese Programmiersprache basiert auf der Prädikatenlogik erster Ordnung und gestattet zu einem (logischen) Sachverhalt die jeweils gültigen Regeln und Fakten zu formulieren. Die Abarbeitung geschieht dann durch ein „Durchmustern" der in Frage kommenden Regeln und Fakten und durch logische „Transformationen" und führt schließlich zu einem „logischen Schluß[11]". Markusz und Kaposi ([241], siehe auch [149] und [147]) formulierten daher die folgende Metrik für die Komplexität von PROLOG-Programmen:

> Die Gesamtkomplexität berechnet sich als *globale Komplexität* aus der ungewichteten Summe
>
> $$g = \sum_i l_i, \tag{5.114}$$
>
> wobei l als *lokale Komplexität* durch
>
> $$l = P_1 + P_2 + P_3 + P_4 \tag{5.115}$$
>
> mit den Teilwerten
>
> P_1: für die Anzahl neuer Dateneinheiten im positiven Axiom,
>
> P_2: für die Anzahl negativer Atome im bewerteten, *lokalen* Abschnitt,
>
> P_3: für die Komplexität zwischen negativen Atomen mit dem Ausgangswert 0 und der Erhöhung jeweils um 2 bei einer (weiteren) Rekursion und
>
> P_4: als Anzahl neuer Dateneinheiten im negativen Atom,
>
> bestimmt wird.

Bei Werten bis 3 für l spricht Markusz von trivialer, bis 7 von einfacher, bis 17 von komplexer und darüber von sehr komplexen Programmabschnitten. Für das Programmbeispiel

[11]Die genaue Programmierweise ist der entsprechenden Literatur zu entnehmen.

```
task(I,O):        -task1(I,O),
                  task2(X,O).
task1([Q,S],X):   -task3(Q,Y)
                  task4([S,Y],X).
```

lautet die Komplexitätsberechnung im einzelnen

P_1: 2, da I in Q und S zerlegt,

P_2: 2, da task1 in task3 und task4 zerlegt,

P_3: 0, da nur ein AND-Abschnitt vorliegt und

P_4: 1, da neues Argument Y verwendet

und ergibt somit

$$l = 2 + 2 + 0 + 1 = 5 .$$

In [241] ist darüberhinaus eine Diskussion für mehrere PROLOG-Varianten angegeben.

5.5.19 Code-Metriken für objektorientierte Programmiersprachen

Auch hierbei gelten die oben genannten Code-Metriken allenfalls für die Programmierung einer Methode und dabei auch nur in eingeschränktem Maße. Bei der objektorientieren Programmierung ergeben sich unter anderem folgende Problemstellungen (siehe auch die Abschnitte 3.2.1.3 und 5.4.14)

- die Bestimmung der erforderlichen Objekte,
- die Gruppierung einer Klassenstruktur,
- die Bestimmung der Schnittstelle jeder Klasse und

∘ die Implementation der Klassen.

Gerade die letzte Aufgabe führt zu einer hohen Komplexität bei der Programmierung, da im allgemeinen das gesamte Programmiersystem (z. B. SMALLTALK) hinsichtlich einer effektiven (mit möglichst hohem Grad an Wiederverwendung realisierten) Implementation überblickt werden muß. Rocacher ([323]) schlägt daher erst einmal folgende Metriken für die objektorientierte Programmierung vor.

1. **Allgemeine Metriken:**
   - Klassenhierarchiemaße:
     - Tiefe und Breite der Hierarchie,
     - Anzahl der Subklassen pro Gesamtzahl der Klassen;
   - Informationsmaße:
     - Anzahl der Instanzvariablen,
     - Anzahl der Klassenvariablen,
     - Anzahl der Nachrichten aus der Klasse,
     - Anzahl der Instanzmethoden, die Nachrichten senden;
   - Anzahl abstrakter Klassen pro Gesamtzahl der Klassen;
   - Polymorphie-Maß: Anzahl Methoden gleichen Namens pro Gesamtzahl der Methoden;
2. **Strukturiertheitsmaße:**
   - Wissensverteilungsmaße:
     - durchschnittliche Methodenzahl pro Klasse,
     - durchschnittliche Klassenvariablenanzahl;
   - Verwendungsmaß abstrakter Klassen als durchschnittliche Zahl von Subklassen zu einer abstrakten Klasse;
   - Bindungsmaß zwischen den Objekten
     - Kommunikationen zwischen den Objekten,
     - Frequenz dieser Kommunikationen;
   - Vererbungsmaße als durchschnittliche Distanz zwischen einer Nachricht und dem gerufenen Objekt;

3. **Lesbarkeitsmaße:**

   - Selbstbeschreibung:
     - Anzahl der Worte im Kommentar bezogen auf die gesendeten Nachrichten,
     - Einhaltungsmaß von Programmierkonventionen,
     - Nachrichtenkomplexität als durchschnittliche Anzahl der Nachrichten im Ausdruck;
   - Komplexitätsmaße:
     - Design-Komplexität als Umfang der möglichen Interaktionen zwischen den Objekten und als Anzahl aller Klassen,
     - Implementationskomplexität:
       - textuell: LOC, Anzahl unärer, binärer und Schlüsselwort-Nachrichten und Anzahl benutzter Variablen,
       - strukturell: zyklomatische Zahl nach McCabe;
   - Konsistenzmaße:
     - Polymorphiemaß: Anzahl homonymer Methoden,
     - Typmaße: Anzahl der Variablentypen in den verschiedenen Objekten;

4. **Erweiterbarkeitsmaße:**

   - Seiteneffektmaß (als Pool-Zahl bzw. Variablenzahl pro Pool),
   - Umgebungserweiterungsmaß als Änderungszeitaufwand.

Für das Programmiersystem SMALLTALK 80 untersuchte Rocacher ([324]) alle 332 Klassen und erhielt durchschnittliche Werte für die Tiefe eines Knotens (2,75), Nachfolgerzahl eines Knotens (6,75), Variablenzahl pro Klasse (2,42) und Methodenzahl pro Klasse (15,47).

Die Untersuchungen zu Metriken dieser Art stehen jedoch erst am Anfang ([324]) und ermöglichen noch nicht, validierte Metriken zu nutzen. Eine Zusammenfassung dieser Problematik findet man unter anderem in [64] und [282].

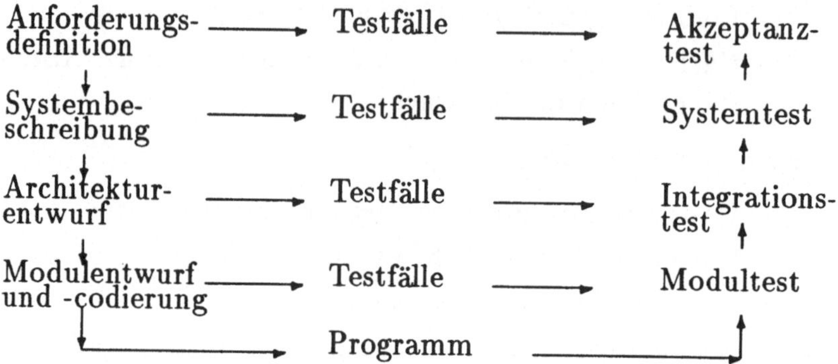

Abbildung 5.18: Bestimmung der Testfälle in den einzelnen Software-Entwicklungsstufen

5.6 Test-Metriken

Zur Testphase heißt es in [14]:

> *Program testing is the most used technique for analytical quality assurance.*

Neben den formalen Testmethoden, wie z.B. der Programmverifikation (siehe auch [254]), und anderen statischen Testweisen (z.B. sogenannten Code-Walkthroughs ([275])) ist vor allem der dynamische Programmtest Schwerpunkt dieser Software-Entwicklungsphase ([389]). Dabei ist die Bestimmung der Testfälle eine wichtige Testvoraussetzung. Die Testfallbestimmung in den jeweiligen Software-Entwicklungsphasen nach [142], [267] und [268] ist in Abb. 5.18 gegeben.

Dabei wird eine automatisierte Testfallbestimmung angestrebt (siehe z.B. [363]).

5.6.1 Metriken zur Bewertung des Testniveaus

Zu den Testmetriken zählen vor allem Metriken zur Bestimmung der Korrektheit speziell in Form des Testniveaus. So z.B. die Testeffektivität nach Bache/Müllerburg ([14]) als

$$TE = \frac{Anzahl\ gestesteter\ Einheiten}{Gesamtzahl\ der\ Einheiten\ im\ Programm} \tag{5.116}$$

Ein weiteres Testeffektivitätsmaß sind die Metriken von Woodward u.a. ([404]) mit den Berechnungen

$$TER_1 = \frac{Anzahl\ durchlaufener\ Anweisungen}{Anzahl\ abarbeitbarer\ Anweisungen\ insgesamt} \tag{5.117}$$

$$TER_2 = \frac{Anzahl\ durchlaufener\ Programmzweige}{Anzahl\ Programmzweige\ insgesamt} \tag{5.118}$$

$$TER_3 = \frac{Anzahl\ durchlaufener\ LSCAJ}{Anzahl\ LSCAJ\ insgesamt}, \tag{5.119}$$

wobei LSCAJ für *Linear Code Sequence and Jump* steht und damit eine weitere Unterteilung der Programmzweige darstellt. Eine Möglichkeit derartiger „Verfeinerungen" sind die Betrachtungen des Flußgraphen eines Programms (wie in [177]), um daraus Testklassen abzuleiten, die die Einheitenanzahl reduzieren. Derartige reduzierte (effektive) Testpfadmengen sind beispielsweise

- die Anzahl linear unabhängiger Programmpfade nach McCabe ([247]),
- die Minimalisierung der Prädikate in einer Testpfadmenge ([240]),
- die Anwendung einer Metrik μ auf ein Programm F für verschiedene Testmethoden ([14]).

Ein ähnliches Maß interpretiert das Testniveau als *Code-Überdeckung*, d.h. welche Programmbereiche durch die jeweiligen Testdaten überdeckt (druchlaufen) werden. Es berechnet sich nach [113] in der Form

$$C = \frac{100}{n} \sum_{i=1}^{n} D_i\ [\%] \tag{5.120}$$

mit D_i als Durchlaufkennzeichnung zu einem Meßpunkt i, wobei $D_i = 1$ gilt, wenn der Meßpunkt durchlaufen wurde und $D_i = 0$ sonst.

5.6.2 Metriken für die Software-Zuverlässigkeit

Eine weitere Analyse innerhalb der Testphase ist die Bestimmung der Software-Zuverlässigkeit. Während dieses Maß in der Spezifikation noch geschätzt wird, kann es hier erstmals (als Anfangswert) berechnet werden und wird dann im Verlauf der Software-Produktwartung ständig weiter qualifiziert. Zuverlässigkeit (*Reliability*) ist nach [312]

> *„The probability of a system performing its purpose adequately for the period of time intended under the operating conditions encountered."*

Ein Beispiel einer Metrik ist bereits im Anschnitt zu den Spezifikationsmetriken angegeben (siehe auch [134]) und berechnet die Zuverlässigkeit als den zu erwartenden Fehleranteil in einem bestimmten Zeitintervall (siehe Formel 5.8). Weitere Zuverlässigkeitsmetriken sind beispielsweise

Nutzerorientierte Zuverlässigkeit: nach [81] mit der Berechnung

$$R = \sum_{\forall P_i \in L} q_i * r_i \tag{5.121}$$

wobei gilt

$$r_i = \begin{cases} 1 & : \textit{wenn Prozeß } P_i \textit{ korrekte Ausgabe erzeugt} \\ 0 & : \textit{sonst} \end{cases} \tag{5.122}$$

und q_i die Wahrscheinlichkeit darstellt, daß P_i in einer Anwendungsumgebung erzeugt wurde. q_i impliziert also das Nutzerprofil.

MTTF: als *Mean Time To Failure* (siehe [1], [102] und [272]) als mittlere Laufzeit des Systems (Programms) bis ein Fehler auftritt.

Verfügbarkeit: des Systems (*Availability*) als Wahrscheinlichkeit, daß das System eine vorgegebene Zeit stabil läuft ([312]).

Fehlerrate: als zu erwartende Anzahl von Fehlern in einem vorgegebenen Zeitintervall ([312]).

Andere Zuverlässigkeitsmodelle und deren Bewertung durch Metriken sind in [295] und [353] beschrieben.

5.6.3 Metriken für die Bestimmung der Testfälle

Hierbei kommt es darauf an, eine Anzahl von Testfällen zu bestimmen, die ein „hinreichend gutes" Testniveau gewährleisten. Eine derartige Metrik ist bereits im Abschnitt 5.5.3 mit der McCabe-Metrik beschrieben worden. Weitere Testfallbestimmungen als Ermittlung der erforderlichen Testpfade (*Execution Path*) sind

FPT: Die Funktionale Programmtestung (FPT (Abkürzung vom Autor)) wurde von Howden ([188]) bereits 1980 vorgeschlagen und besteht in

- der Identifikation der funktional wesentlichen Klassen der Ein- und Ausgabedaten,
- der funktionalen Dekomposition dieser Datenstrukturen,
- der Unterteilung eines Programms in seine *funktionale Struktur.*

Zu beachten ist dabei, daß die funktionale Struktur sich aus dem Software-Entwurf ergibt.

Kohäsionsmetrik: Diese von Emmerson 1984 entwickelte ([138], [139]) Metrik (*Cohesion Metric*) basiert auf die *Kohäsion* als eine Eigenschaft von Modulen, die den Grad der funktionellen Bindung darstellt. Sie gestattet, eine variablenbezogene Testabdeckung abzuschätzen.

C-Path: Von Chusho wurde 1987 eine Metrik für eine effizientere Abschätzung der Testabdeckung aufgestellt ([83]). Neben dem Maß C_{path} mit der Berechnung

$$C_{path} = \frac{Anzahl\ abgearbeiteter\ Programmpfade}{Anzahl\ aller\ durchführbarer\ Testpfade} \tag{5.123}$$

wird als sehr wirkungsvoll eingeschätzte Maß C_{dd} (mit *dd* für *decision-to-decision path*) definiert als

$$C_{dd} = \frac{Anzahl\ abgearbeiteter\ dd\text{-}Pfade}{Anzahl\ aller\ möglichen\ dd\text{-}Pfade\ im\ Programm} \tag{5.124}$$

NPATH: Das Maß NPATH, 1988 von Nejmeh vorgestellt ([280]), dient der Abschätzung der Anzahl benötigter Testfälle und wird berechnet durch

$$NPATH = \prod_{i=1}^{i=N} NP(Anweisung_i), \tag{5.125}$$

wobei die NP sprachspezifisch zu bestimmen sind und beispielsweise für die Programmiersprache C lauten

$$NP(if) = NP(\textit{if-range}) + NP(expr) + 1 \tag{5.126}$$

$$NP(while) = NP(\textit{while-range}) + NP(expr) + 1 \tag{5.127}$$

usw. und damit die Möglichkeit der Berechnung der Testfallzahl geben.

Ein weiteres Schätzmaß von Malevris u.a. ([240]) schätzt die „wahrscheinlicheren" Programmpfade ab und ermöglicht somit eine spezielle Reduzierung für die Testfallauswahl.

5.6.4 Ein allgemeinstes Testmaß von Basili/Selby

Basili und Selby beschreiben in [30] ein allgemeinstes Schätzmaß für die Software-Testung, welches insbesondere die Anwendung verschiedener Testmethoden berücksichtigt. Es hat die Form

$$\gamma_{ijkl} = \mu + \alpha_i + \beta_j\gamma_k + \delta_{kl} + \alpha\beta_{ij} + \alpha\gamma_{ik} + \beta\gamma_{ijk} + \epsilon_{ijkl} \tag{5.128}$$

mit

γ_{ijkl}	als Einschätzung des Subjekts l mit dem Expertisenniveau k bei Verwendung der Testmethode i für das Programm j,
μ	allgemeiner Schätzwert,
α_i	der Haupteffekt der Testmethode i,
β_j	der Haupteffekt des Programmes j,
γ_k	der Haupteffekt des Expertisenniveaus k,
δ_{kl}	der Nebeneffekt der Subjektes l beim Expertisenniveau k mit dem Effektmerkmal l,
$\alpha\beta_{ij}$	als interaktives Merkmal zwischen der Testmethode i und dem Programm j,
$\alpha\gamma_{jk}$	als interaktives Merkmal zwischen dem Programm j und dem Expertisenniveau k,
$\alpha\beta\gamma_{ijk}$	als Interaktion zwischen der Testmethode i, dem Programm j und dem Expertisenniveau k,
ϵ_{ijkl}	als Experimentfehler jeder Beobachtung

Damit versuchen Basili und Selby möglichst alle Einflußgrößen bei der Bewertung der Software-Testung zu berücksichtigen.

5.7 Wartungs-Metriken

Innerhalb der Software-Entwicklung ist die letzte (aber mit der Lebensdauer des Software-Produktes äquivalente Phase) die Wartung. Mit Beginn dieser Phase ist es i.a. möglich, die im Rahmen der Spezifikation verwendeten Metriken[12] exakt zu berechnen ([270]). Die detaillierte Beschreibung der Wartungsphase findet man in ([11] und [246]). Es geht hierbei vor allem um die Bestimmung und Beherrschung der ([294], S. 239)

Sleeping Dogs and Open Patients

Die Versäumnisse in den vorangegangenen Phasen – aus welchen „verständlichen" Gründen auch immer – müssen hier aufgeholt werden. In dieser Phase ist es aber vor allem möglich ([5], [153], [278])

[12]Eine derartige Bewertung für Software-Produkte für die verteilte Verarbeitung ist in [76] beschrieben.

1. die Genauigkeit der zumeist als Schätzung bestimmten Metrikwerte zu ermitteln und
2. das Schätzverfahren selbst durch ein entsprechendes Feedback zu qualifizieren.

Ansatzpunkte sind also nicht mehr Schätzungen sondern unmittelbare Messungen am vorhandenen Software-Produkt ([4]). Dabei geht es vor allem darum, aus den Erfahrungen gemachter Programmierfehler zu lernen. Letzlich kann in dieser Phase beispielsweise die Entwicklungseffektivität E eines Software-Produktes überhaupt erst eingeschätzt werden, wie z.B. nach Boehm in der Form ([49])

$$E = \frac{Wartungsaufwand}{Entwicklungsaufwand} \tag{5.129}$$

Man beachte, daß allerdings der Wartungsaufwand erst vollständig mit der wirklich letzten Software-live-cycle-Phase – der Projektnutzungsbeendigung – bestimmt werden kann. Metriken für die Wartungsphase sind nach Schaefer ([338], siehe auch [90], [211], [302] und [325]):

- Aufwandsmetriken
  - Lesbarkeit,
  - Korrektur- und Anpassungszeit und
  - Fehlerbeseitigungszeit;
- änderungsbezogene Metriken (mit der Korrelationsprüfung: Änderung $\leftrightarrow$ Fehlerhäufigkeit)
  - Lokalisierung (bzgl. der am häufigsten geänderten Module),
  - Perfektionierung (hinsichtlich Laufzeit u.ä. aber auch beispielsweise der Code-Transformation in wohlstrukturierte Programme ([66])) und
  - Wiederverwendbarkeit von Projektbestandteilen (als Umkehrung des Maßes der Änderungsschwerpunkte);
- fehlerbezogene Metriken

- Fehlerzuwachs bei Änderungen und
- Fehlerhäufigkeit auf Module bezogen.

Andererseits können natürlich auch die in den vorangegangenen Metrikarten zur Anwendung kommen, wenn man davon ausgeht, daß der Wartungsprozeß durch Wiederverwendungs- bzw. Reengineering-Strategien erweitert wird (also beispielsweise auch ein Kostenmanagement für die Wartung ([270], [292], [355])). Insbesondere aus der heutigen Situation heraus - eine große Menge genutzter Software mit den dafür verträglich gespeicherten Daten zu besitzen - ergibt sich die Notwendigkeit, den Wartungsprozeß zu modifizieren und eine weitere Verwendung unter neuen Voraussetzungen durch ([84], [218], [266], [378])

- Wiederverwendung von Software und
- durch das sogenannte *Reegineering* überhaupt

zu erweitern.

5.7.1 Metriken für die Software-Änderung

Ein Maß für den Änderungsaufwand A ist beispielsweise nach Stahlknecht ([362])

$$A = C + nE + \frac{n(n-1)}{2}I \tag{5.130}$$

mit

C - von der Anzahl der Änderungen unabhängiger Aufwand,
E - Aufwand für Programmierung und Test jeder Einzeländerung,
I - Aufwand für den Test der Zusammenhänge einer Einzeländerung mit einer anderen und
n - Anzahl der Einzeländerungen.

Die Auswirkung von Programmänderungen für die Wartungseffektivität bestimmt Boehm ([49]) in der Form

$$HM = \frac{Anzahl\ modifizierter\ Anweisungen}{Wartungsproduktivität} \tag{5.131}$$

Dabei ist die *Wartungsproduktivität* ein Maß für die Sofware-Produktionsfirma insgesamt und die *Anzahl modifizierter Anweisungen* für einen Programmierer bestimmt. Somit stellt *HM* die Wartungseffektivität *eines* Programmierers dar.
Ein allgemeines Maß für die Wartungsfreundlichkeit W eines EDV-Projektes P ist nach Itzfeldt ([199])

$$W(P) = T_p + T_s \tag{5.132}$$

mit T_p als Personalaufwand zur Behebung eines Fehlers und T_s als Betriebsmittelaufwand zur Fehlerbehebung.
Ein indirektes Wartungsmaß ist die *Kompaktheit* eines Software-Produktes nach Dumke ([126])

$$K = \frac{1}{|GQ|} \tag{5.133}$$

mit $|GQ|$ als Anzahl der Elemente der sogenannten *Generierungsquelle.* Diese Generierungsquelle faßt alle Elemente eines Software-Produktes, aus denen andere Produktbestandteile durch Programmgenerierung (rechnergestützt) erzeugt werden können, zusammen. Eine ähnliche Forderung nach (möglichst rechnergestütztem) Zusammenhang der Entwicklungskomponenten im gesamten Software-Lebenszyklus beschreibt Yau in [409]. Eine Metrik für die durchschnittliche Wiederverwendung von Komponenten bei der Software-Wartung ist in [65] angegeben.

5.7.2 Metriken für die Zuverlässigkeit

Zuverlässigkeitmaße – insbesondere als Schätzmaße – sind bereits in 5.3 genannt. In der Wartungsphase kann diese Zuverlässigkeit konkret (zumeist im Zusammenhang mit der Fehlerrate) bestimmt werden. Zuverlässigkeitsmaße sind daher beispielsweise nach [305] weiterhin

- die Fehlerrate pro Woche am laufenden Software-Produkt,
- die Fehlerrate pro K Zeilen Programm-Code,

- Betriebssystemabhängigkeit,
- u.ä.m.

Es geht also hierbei um die Bestätigung bzw. Modifikation der in den ersten Software-Entwicklungsphasen angewendeten Schätzmethoden für die Software-Zuverlässigkeit.

5.7.3 Portabilitäts-Metriken

Diese Maße versuchen, den Aufwand für die Übertragung eines Software-Produktes auf eine andere Hardware-Umgebung abzuschätzen. Beispiele derartiger Metriken sind (entnommen aus [200] und [364])

- *das Portabilitätsmaß von Hommel*

  $$PI = \frac{EI}{EI + EP + EA} \quad (5.134)$$

  mit

  EI – als Aufand für die ursprüngliche Relisierung,
  EP – als Aufwand für die Übertragung und
  EA – als Aufwand für die Anpassung,

  wobei die Portabilität für $0,5 \leq PI \leq 1$ sinnvoll ist;

- *das Portabilitätsmaß von Gilb* ([158])

  $$P_S = 1 - \frac{E_T}{E_R} \quad (5.135)$$

  mit

  E_T – als Aufwand für die Übertragung in die Zielumgebung und
  E_R – als Herstellungsaufwand für die alte Umgebung.

Dabei ist zu erkennen, daß diese Maße vor allem auf Erfahrungswerte beruhen.

5.7.4 Metriken für die Programmiererproduktivität

Eine derartige Metrik ist beispielsweise der sogenannte *Umweltfaktor* (U-Faktor) von DeMarco und Lister als

$$U - Faktor = \frac{ungestörte\ Stunden}{Stunden\ körperlicher\ Anwesenheit} \tag{5.136}$$

Dabei sind U-Faktoren über 0,3 bereits sehr hohe und selten erreichte Werte.
Eine ähnliche Metrik definierte Esterlin bereits 1980 ([140]) und lautet (in der bereits übersetzten Form aus [198]):

$$w = \frac{8 + o - 8a - \frac{4r - p(t+r) - k(n-1)(t+r)}{60}}{8} \tag{5.137}$$

wobei gilt

- w – Anteil produktiver projektbezogener Arbeitszeit pro Arbeitstag und Projektmitarbeiter,
- n – Anzahl der im Projekt zusammenarbeitenden Personen,
- a – durchschnittlicher Anteil des Arbeitstages, der für administrative und projektfremde Arbeiten verwendet wird,
- o – durchschnittliche Anzahl von Überstunden pro Arbeitstag und pro Projektmitarbeiter,
- k – durchschnittliche Anzahl von Unterbrechungen pro Arbeitstag durch Projektmitarbeiter,
- p – durchschnittliche Anzahl von Unterbrechnungen pro Arbeitstag aus anderen Ursachen,
- t – durchschnittliche Unterbrechnungsdauer in Minuten,
- r – durchschnittliche Zeit zur Wiederaufnahme eines unterbrochenen Gedankengangs in Minuten.

Als wertmäßige Erfassung des Kommunikationsaufwandes für n Mitarbeiter nennt Balzert (in [20]) das Zeitverhalten

- ohne Kommunikation

$$eine\ Zeitabnahme\ um\ t \sim 1/n \tag{5.138}$$

- mit einer Kommunikation k eine Projektzeit t von insgesamt

$$t = \frac{1}{n} + k\binom{n}{2}. \quad (5.139)$$

Daraus schätzt Balzert eine günstige Teamgröße von 2 bis 5 Mitarbeiter. Für eine konkrete Software-Produktionsumgebung berechneten beispielsweise Walston und Felix ([394]) eine Produktivität von

$$E = 5,2 * L_{0,91} \; [Mannmonate] \quad (5.140)$$

wobei L für die implementierten Quellcodezeilen (in Tausend) steht. Weitere Metriken für die Programmiererproduktivität sind u.a. in [92] und [206] beschrieben.

5.7.5 Metriken für den Programmservice

Dieser Teil der Software-Wartung geht davon aus, daß i.a. mehrere Anwender ein Software-Produkt nutzen und dieses Software-Produkt selbst in verschiedenen Versionen existiert. Eine Metrik von Baker ([17]) bestimmt die Fehlerverbreitung D beim Vertrieb der Software-Produkte in folgender Weise

$$D(u) = N\left(1 - \frac{1}{e^{ku}}\right) \quad (5.141)$$

Dabei ist N die Gesamtzahl der Fehler im Programm ohne Nachnutzung, d.h. $u = 0$. k ist eine Konstante. Die Fehlerrate bei einer Nachnutzung lautet dann

$$r(u) = \frac{kN}{e^{ku}} \quad (5.142)$$

und die Anzahl nichtentdeckter initialer Fehler beträgt dann

$$n(u) = \frac{N}{e^{ku}}. \quad (5.143)$$

Durch die Berücksichtigung des Zeiteinflusses t können in dieser Weise auch $D(t)$, $r(t)$ und $n(t)$ bestimmt werden.

5.7.6 Metriken für den Eigungstest

Ein Beispiel für eine Software(produkt)-Bewertung nach Anderson ([10]) geht von folgenden Grundparametern aus:

a_{ij} als Experteneinschätzung zum j-ten Attribut des i-ten Software-Produktes

W_j Wichtung für die Bedeutung des j-ten Attributes

s_{ij} die Menge der Attribute, für die die Einschätzung des i-ten Software-Produktes größer oder gleich dem j-ten Software-Produkt ist

$d_{ij} = min\{a_{ik} - a_{kj} \mid a_{ik} \leq a_{kj},\ k = 1, 2, ..., n\}$

$Z = (max_i max_j(a_{ij}) - min_i min_j(a_{ij})),\ i = 1, ..., l\ und\ j = 1, ..., n$

Die Bewertung erfolgt in sechs Schritten:

Schritt 1: Für jedes Software-Produkt i und j werden die relativen Bewertungen vorgenommen und eine Matrix

$$\mathbf{S}_{(l \times l)} = \{S_{ij}\} \tag{5.144}$$

gebildet, wobei gilt

$$S_{ij} = \frac{\sum\limits_{k \in s_{ij}} W_k}{\sum\limits_{k=1}^{n} W_k},\ i = 1, ...l\ und\ j = 1, ..., l.$$

Schritt 2: Hierbei wird eine Vorauswahl getroffen, indem die Matrix

$$\mathbf{D}_{(m \times m)} = \{D_{ij}\} \tag{5.145}$$

gebildet wird. Dabei gilt

$$D_{ij} = \frac{|d_{ij}|}{Z},\ i = 1, ..., l\ und\ j = 1, ..., l.$$

Schritt 3: Es wird eine Matrix gebildet, die die Differenzen der Bewertung der einzelnen Software-Produkte darstellt in der Form

$$\mathbf{M}_{(l \times l)} = \{M_{ij}\} \tag{5.146}$$

mit
$M_{ij} = [\sum_{k \in s_{ij}} \frac{(a_{ik} - a_{kj})}{|s_{ij}|}]/Z,\ i = 1, ..., l,\ j = 1, ..., l\ und\ k = 1, ..., n.$

Schritt 4: Mit Hilfe der Matrizen S, D und M wird eine Matrix P gebildet, die den paarweisen Vergleich zweier Software-Produkte zum Ausdruck bringt, also

$$\mathbf{P}_{(l \times l)} = \{P_{ij}\} \tag{5.147}$$

wobei gilt
$$P_{ij} = \begin{cases} 1 & ,\ wenn\ S_{ij} \geq T_s,\ M_{ij} \geq T_m,\ D_{ij} \leq T_d \\ 0 & ,\ sonst,\ i = 1, ..., l,\ j = 1, ..., l \end{cases}$$
$T_m,\ T_s\ und\ T_d$ kennzeichnen dabei, welche(r) Merkmalswert(e) den Vergleich gerade bestimm(t)(en).

Schritt 5: Über die Matrix P wird die Kendall-Zahl in der Form gebildet

$$K_i = \sum_j P_{ij} \tag{5.148}$$

Diese Kennzahl wird für die Klassifizierung der Software-Produkte nach dem jeweiligen Attribut verwendet.

Schritt 6: Dieser Schritt wird nur benötigt, wenn mit dem Schritt 5 noch nicht das gewünschte (eindeutige) Ergebnis erreicht wird. Die Kendall-Zahl ist dann für Submatrizen von P_{ij} zu bestimmen, um eine befriedigende Bewertungsfolge zu erhalten.

Ein Bewertungsergebnis aus [10] lautet

Bewertungsattribut	*erstplaziertes Software-Produkt*
Textverarbeitung	Microsoft Word
Datenbanksysteme	R:base System V
Spreadsheet-Systeme	Excel
Integrierte Systeme	Framework II
Grafiksoftware	Freelance 1.0
Datenkommunikationssysteme	Smartcomm II 2.2
Projekt-Management	Time Line 2.0

Man beachte hierbei allerdings, daß diese Bewertung 1988 vorgenommen wurde.

Eine weitere Evaluierungsmethode (speziell für CASE-Tools zugeschnitten) ist in [370] gegeben. Danach sollte eine Evaluierungsmethode folgenden Anforderungen genügen

- Untersuchung genau definierter Aspekte,
- primäre Funktionen und die Sicht des Benutzers beachten, sowie
- erweiterbar für neue Aspekte sein.

Als zu bewertende Aspekte für die Software-Klasse „CASE-Tools" werden dabei genannt

werkzeugorientierte Kriterien: dazu zählen beispielsweise Hardware/Software-Grundlagen, Architektur, Schnittstellen, Schulungsmaterialien usw.

lebenszyklusorientierte Kriterien: als z. B. Methodenanwendung, Methodenübergänge, phasenübergreifende Unterstützungen und Kontrollen u. ä. m.

rollenorientierte Kriterien: sie beschreiben beispielsweise die Anforderungen aus dem Projektmanagement, der Qualitätssicherung und dem Konfigurationsmanagement.

Die in [370] beschriebene Evaluierung wird rechnergestützt auf der Basis einer sogenannten Informationsdatenbank realisiert.
Schneider definiert in [340] eine sogenannte *CASE-Metrik*. Sie sollte folgende allgemeine Eigenschaften haben:

- Sie soll sich auf objektiv prüfbare Kriterien stützen und weitgehend mechanisch (also auch rechnergestützt) durchführbar sein.
- Die Bewertungskriterien sollen durch den an der Bewertung Interessierten modifizierbar sein.

- Die Bewertungsschritte sollten vollständig definiert und damit nachvollziehbar sein.
- Der Bewertungsaufwand sollte der Bedeutung der Bewertung Rechnung tragen, d. h. sich amortisieren.
- Der Bewertungsvorgang sollte arbeitsteilig realisierbar sein.

Das in [340] gewählte Bewertungsverfahren ist folgendes

Kriterium	**Gewichte**		**Erfüllungsgrade**				
			4	3	2	1	0
Oberkriterium 1	0,6						
Unterkriterium 1.1		0,7		T1	T3	T2	
Unterkriterium 1.2		0,3	T2		T3	T1	
Oberkriterium 2	0,4						
Unterkriterium 2.1		0,2	T2	T1		T3	
Unterkriterium 2.2		0,3			T1,3		T2
Unterkriterium 2.3		0,5			T3		T1,2

Dabei steht Ti für den i-ten CASE-Tool. Eine konkrete Berechnung der Bewertung lautet beispielsweise für T1:

$$0,6*(0,7*3+0,3*1)+0,4*(0,2*3+0,3*2+0,5*0) = 1,92$$

Als anzuwendender Kriterienkatalog (Oberkriterien mit den jeweiligen Unterkriterien) schlägt Schneider vor

- **Anbieter** (Firmenprofil, Preis, Produktpolitik (Releases), Vertragsgestaltung, Einführungsunterstützung, weiteres Schulungsangebot, Servicequalität und Anwendererfahrungen),
- **Einsatzvoraussetzungen** (Hardware (Rechner, Speicher), Betriebssystem, zusätzliche Software, Portierbarkeit),

- **Handhabbarkeit** (erforderliche Vorkenntnisse, Installationsvorgang, Produktdokumentation, Bedienparadigma und Antwortzeitverhalten, Durchgängigkeit, Navigationsfähigkeit, toolbezogene Hilfsfunktionen (Fehlerbehandlung), Textbearbeitung, Grafikbearbeitung),
- **Einsatzbereiche** (Phasenabdeckung (hinsichtlich Methodenunterstützung: Analyse, Design, Codierung, Wartung), Konfigurationsmanagement, Projektführungsunterstützung (Planung, Kontrolle), Bürodienste),
- **Kernfunktionalität** (Methodenunterstützung (Diagramme, Erweiterungen oder Einschränkungen, Bericht und Übersichten, Prüfungen bzw. Kontrollen, methodische Führung), Dokumentationsunterstützung (Art und Umfang, Aussehen), Integrationsgrad (Informationsverwaltung), Transformationen (Codegenerierung, Reverse Engineering, Designvorschlag, andere Konvertierungen), methodenübergreifende Prüfungen bzw. Qualitätssicherung (Konsistenz, Tracing), Prototyping/Simulation),
- **Datenhaltung** (Leistungsfähigkeit, Zugriffsmechanismen (Zugriffsschutz, Mehrbenutzerfähigkeit), Recovery-Fähigkeit, Datenverteilung, Datenmodell),
- **Integrationsfähigkeit** (Offenheit (Datenhaltung, Austauschmöglichkeit), Erweiterbarkeit (weitere angebotene Methoden, eigene, neue Methoden, andere Funktionalität), Anpaßbarkeit (Oberfläche, Datenhaltung, Dokumentation, sonstiges).

Für die Wichtung dieser Kriterien werden initiale Werte vorgeschlagen; dennoch bleibt die Zuschneidung auf die Schwerpunktsetzung eines konkreten Interessenten offen. Eine Punkteliste für die Erfüllungsgrade (in [340] nur diskutiert) ermöglicht dann die jeweilige konkrete CASE-Tool-Bewertung.

Andere Bewertungsmethoden – speziell für Software im Telekommunikationsbereich – sind in [87] und [164] beschrieben.

Weitere Metriken sind vor allem in [72], [92], [96], [146], [155], [161], [186], [194], [294], [337] und [384] angegeben.

6 Validation von Software-Metriken

Bereits bei der Charakterisierung der Eigenschaften von Software-Maßen ist die besondere Problematik der Meßwertinterpretation dargestellt worden. Es gilt bei der Nutzung der Software-Metriken vor allem der Hinweis von Li und Chueng ([227])

> *The validation process must continue before metrics can be effectively adopted in the characterization and evaluation of software and in the prediction of its attributes, as well as aiding software development in its early phases in the form of well conceived guidelines and strategies.*

Im folgenden sollen ausgewählte Validationsaspekte angegeben werden.

6.1 Theoria cum praxi

Die wohl verbalsten Metriken sind beispielsweise die in der sogenannten Top-10-Liste von Boehm ([48]):

1. Ein Software-Fehler bei der Implementation ist einhundertmal teurer als in der Entwurfsphase.
2. Man kann die Software-Entwicklung um höchstens 25 % reduzieren.
3. Jeder Dollar für die Software-Entwicklung kostet zwei Dollar bei der Software-Wartung.
4. Software-Entwicklungs- und -Wartungskosten sind vor allem proportional der Anzahl der Quellcodezeilen des Software-Produktes.
5. Unterschiedliches Entwicklungspersonal schafft die größten Unterschiede in der Programmiereffektivität.

6. Das Software-Hardware-Preisverhältnis hat sich von 1955 mit 15:85 zu 85:15 im Jahre 1985 entwickelt.
7. Nur ca. 15 % der Software-Entwicklung sind der Programmierung gewidmet.
8. Software-Produkte kosten dreimal mehr als einfache Programme und Software-Systemprodukte neunmal mehr.
9. „Walkthroughs" beseitigen 60 % der Fehler.
10. Viele Software-Phänomene äußern sich derart, daß 20 % des Entwicklungsergebnisses eine (insgesamt) 80 %-ige Auswirkung haben.

Diese „Metriken" sind gewissermaßen Faustregeln, die sich aus praktischen Erfahrungen ergeben, und treffen zumeist Aussagen zu Verhältnissen von Aspekten der Software-Entwicklung. Damit sind die Probleme der Software-Messung umgangen (siehe Kapital 4). Ebenso ist die Forderung an Metriken, Transformationen mit ihnen durchführen zu können, nicht erfüllt. Eine Validation im eigentlichen Sinne ist hierbei also nicht erforderlich. Ganz so einfach verhält es sich aber bei den im 5. Kapitel genannten Metriken nicht.

6.2 Metrik-Anomalien

Die Herleitung einer Metrik, wie beispielsweise die LOC-Metrik, gewährleistet noch nicht deren unbedenkliche Anwendung. Zur Problematik des LOC-Maße sind gerade im Abschnitt 5.5 einige Ausführungen angegeben. Ebenso zeigte sich bei der Anwendung der Halstead-Metrik für spezielle Programmiertechniken die uneingeschränkte Gültigkeit. Weitere Anomalien können bei hybriden (also zusammengesetzten) Metriken (wie z.B. in [76] und Abschnitt 5.6.4) auftreten, wobei durch das (maßeigene) Verhalten der Teilwerte die Gesamtaussage völlig umgekehrt werden kann. Andererseits gewährleisten beispielsweise die hier aufgelisteten Syntaxmaße nicht automatisch eine gewünschte „Semantische Qualität" ([290]). Daher ist eine Validation hergeleiteter Software-Metriken für den Nachweis deren Tauglichkeit unumgänglich.

6.3 Validitätsformen

Bei der Bewertung der Brauchbarkeit bzw. Aussagefähigkeit des Software-Maßes selbst unterscheidet Itzfeldt ([199], siehe aber auch [16] und [294], S. 251 ff.) in

inhaltliche Validität: dabei ist zu klären, ob

- die ausgewählten Merkmale (Indikatoren) tatsächlich einen Rückschluß auf die zu messende Qualitätseigenschaft zulassen,
- die ausgewählten Indikatoren eine repräsentative Auswahl aller mögliche Indikatoren für die Qualitätseigenschaft darstellen.

Da es sich hierbei oft um Merkmale aus dem Gebiet der „empirischen Sozialforschung"([199]) handelt, werden die obigen Aussagen zumeist durch Expertisen erarbeitet.

kriterienbezogene Validität: diese Validierungsform unterteilt sich in

- *innere Validität*, bei der ein Software-Maß in Beziehung zu bereits validierten gesetzt wird und dessen Korrelation (in [199] z.B. nach dem Spearman-Koeffizienten) geprüft wird, und
- *äußere Validität*, als Bezugsetzung zu einem äußeren Kriterium, wie etwa einem Schätzurteil oder ein bereits objektiv bewertetes Kriterium (z.B. Software-Produkt mit bekannten Eigenschaften hinsichtlich des zu validierenden Merkmals) und Prüfung der Korrelation.

Konstruktvalidität: hierbei geht es um die theoretische Klärung dessen, was das Maß überhaupt mißt; es wird bestimmt, ob ein Maß ein bestimmtes Konstrukt zu erfassen vermag.

Eine derartige Unterteilung verdeutlicht erst einmal die Einflußfaktoren. Für die praktische Realisierung der Validation schlägt Fenton ([146], S. 80 ff.) zwei Strategien für die zwei Metrikarten als

(a) durch ein Schätzsystem (*Prediction System*) bestimmte und

(b) durch unmittelbare Messungen (*Measurement*) erhaltene

vor. Diese beiden Validationsstrategien sind jeweils für (a) und (b)

> *(a) ,,Validation of a prediction system, in a given environment, is the process of establishing the accuracy of the prediction system by empirical means, and by comparing model performance with known data points in the given environment."*

> *(b) ,,Validation of a software measure is the process of ensuring that the measure is a proper numerical characterization of the claimed attribute; this means showing that the representation condition is satisfied."*

Um also die Gültigkeit eines Software-Maßes zu zeigen, ist vor allem erst einmal die Bestimmung dessen, was ein Maß überhaupt mißt, von entscheidender Bedeutung. Es kommt dabei darauf an, möglichst ,,allgemein anerkannte" *Vergleichskriterien* heranzuziehen.

6.4 Die Interpretation von Software-Metriken

6.4.1 Die Interpretation von Metriken mittels Basiskennzahlen

Davis und LeBlanc ([108]) analysieren zwei Arten von Software-Metriken durch die Elementarisierung in Basiskennzahlen. Die erste Metrikart sind die *Review-Maße*. Als Beispiel wird das Maß von Woodfield in der Form

$$C = \sum_{i=0}^{\#chunks} \sum_{m=0}^{fan-in} c_i R^m \qquad (6.1)$$

mit C_i als Komplexität des i-ten „chunks" (als Meßeinheit, wie z.B. Programm, Anweisung, Block, Anweisungsmenge) und R als Review-Konstante (mit dem Schätzwert $R = 2/3$) herangezogen. Um die c_i zu bestimmen, werden folgende Basiskennzahlen definiert

STDCPL: Berechnung der daten- und steuerflußabhängigen Verbindungen und Bestimmung der chunk-Komplexität als Anzahl der Anweisungen (daten- und steuerflußbezogen),

STDDEQ: Berechnung der daten- und steuerflußabhängigen Verbindungen und Zusammenfassung der chunks gleicher Komplexität (daten- und steuerflußbezogen),

CTLCPL: Berechnung der chunks-Komplexität als Zeilenanzahl (steuerflußbezogen),

CTLEQ: Berechnung der Steuerflußverbindungen und Betrachtung aller chunk's gleicher Komplexität,

DATCPL: Berechnung der datenabhängigen Verbindungen und Bestimmung der chunk-Komplexität als Anweisunganzahl,

DATEQ: Berechnung der datenabhängigen Verbindungen und Betrachtung aller chunks gleicher Komplexität sowie

DATFAN: Gesamtzahl der datenabhängigen Verbindungen zwischen den chunks,

CTLFAN: Gesamtzahl der Steuerflußverbindungen zwischen den chunks,

NUCHK: Gesamtzahl der chunks.

Damit wird gezeigt, daß das obige Komplexitätsmaß bei Verwendung der EQ-Zahlen (also STDEQ, CTLEQ und DATEQ) bessere Werte liefert.
Das zweite Maß ist das *Entropie-Maß* nach Shannon in der Form

$$H = \sum_{i=1}^{n} P(A_i) log P(A_i). \tag{6.2}$$

mit $P(A_i)$ als Wahrscheinlichkeit der Ereignisse A_i (hierbei als relative Häufigkeit des Auftretens eines chunks aus einer chunks-Klasse in einem bestimmten Programm). Als Basiskennzahlen werden hierbei definiert

FSTCON: als Entropie erster Ordnung (Ein- und Ausgangsknotengrad (Knoten als Darstellung einer Anweisung im Programmgraphen) sind gleich) für den Steuerfluß,

SECCON: als Entropie zweiter Ordnung (Ein- und Ausgangsknotengrad werden für verschiedene Chunks betrachtet) für den Steuerfluß,

FSTDAT: als Entropie erster Ordnung für den Datenfluß,

SECDAT: als Entropie zweiter Ordnung für den Datenfluß,

INTCHK: als Entropie eines chunk-Inhaltes,

INTSIZ: als Entropie der chunk-Größe,

MAXENT: als maximale Entropie ($= log n$ mit n als chunk-Zahl).

Dabei lieferten die datenflußorientierten Kennzahlen die besten Meßwerte.

6.4.2 Die Interpretation von Metriken nach Zuse

Zuse ([411], [414] und [415]) relativiert die Aussagen einer Software-Metrik, indem der Nutzer einer solchen Metrik (hier auf Programmgraphen bezogen) erst einmal sogenannte *Elementarstandpunkte* angibt. Dazu zählen beispielsweise

- ⋆ Soll das Hinzufügen einer vorwärtsgerichteten Kante (z. B. weiterer Sprung) die Komplexität erhöhen?
- ⋆ Soll das Hinzufügen einer rückwärtsgerichteten Kante (z. B. weiterer Zyklus) die Komplexität erhöhen?

⋆ Soll das Hinzufügen einer Kante und eines Knotens (z. B. weitere Anweisung) die Komplexität erhöhen ?

⋆ Soll eine Transformation einer Kante im Programmgraphen die Komplexität erhöhen?

⋆ u. ä. m.

Die Rückbesinnung auf derartige elementare Betrachtungsweisen ermöglichte es erst, bei einer ganzen Reihe von Code-Metriken den wirklichen Inhalt des Maßes zu bestimmen ([414]. Solche Standpunkte drücken z.B. die Meinung des Metriknutzers (nicht des „Metrikschöpfers"!) aus. Ist beispielsweise der Nutzer der Meinung, daß das Hinzufügen einer Kante im Programmgraph die Komplexität erhöht, so ist die McCabe-Metrik für ihn geeignet. Meint er jedoch, daß schlechthin lange Programm ebenfalls schwieriger zu handhaben sind als kurze (im Sinne einfacher Sequenzen), so eignet sich die o.g. McCabe-Metrik nicht mehr.
Zuse verwendete dafür ein Auswertungssystem (METRICS, siehe 7.4). Damit ist auch die Problematik der Maßinterpretation für hybride Metriken möglich. Dabei zeigt sich, daß vor allem die Wichtung von Teilmaßen bzw. die Kombination zu neuen Maßen sehr gewissenhaft hinsichtlich der neuen Qualität zu prüfen ([176] ist.

6.5 Korrelationen

Bei der Korrelationsanalyse geht es um den Grad der Korrelation, also um die *stochastische Abhängigkeit* zwischen (Zufalls-)Größen anhand einer Stichprobe[1]. Die Art dieser *stochastischen Abhängigkeit* bestimmt die Regressionsanalyse (siehe auch [277]). Die Korrelation zwischen zwei Größen bzw. Merkmalen X und Y lautet ([162])

$$Corr(X,Y) = \frac{Cov(X,Y)}{\sqrt{VarX * VarY}} \tag{6.3}$$

[1] Ob eine eventuelle „Gruppierung" bei einen derartigen Zusammenhang vorliegt, untersucht die sogenannte *Faktorenanalyse*. Eine Anwendung dieser Theorie auf Code-Metriken ist in [99] beschrieben.

wobei $Cov(X,Y)$ für die Kovarianz, die durch

$$Cov(X,Y) = E(X - E(X)) * E(Y - E(Y)) \tag{6.4}$$

berechnet wird (E für Erwartungswert), und Var für die Varianz stehen. Der Wert liegt zwischen -1 und +1. Ab einen Wert von $\pm 0,8$ bzw. $\pm 0,9$ spricht man von einer guten Korrelation. Der oben berechnete Wert wird auch Korrelationskoeffizient genannt und wird je nach konkreter Berechnungsart nach seinem Schöpfer *Bravais, Pearson, Spearman, Kendall* usw. ([162]) genannt. All diese Koeffizienten setzen eine bestimmte Verteilung der bei der Korrelation betrachteten Merkmale voraus (zumeist eine sogenannte *Normalverteilung*). Diese Annahme – aber auch andere Aspekte – führen leider zu möglichen Interpretationsfehlern (siehe Abschnitt 6.3 und [162]).

6.5.1 Einfache Korrelationen

Eine der häufigsten Gegenüberstellungen wird zur (i.a. als gemessen vorliegenden) Fehlerrate vorgenommen ([286]).
Lind und Vairavan benutzen für die Gegenüberstellung die Aufwandscharakteristika ([228])

- Gesamtzeilenzahl des Programms,
- Code-Zeilenanzahl,
- Kommentarzeilenzahl,
- Gesamtzeichenzahl des Programms,
- Code-Zeichenzahl und
- Kommentarzeichenzahl.

Sie untersuchen die Halstead-, die Jensen-, die McCabe- und die Belady-Metrik. Weitere allgemeine Metrikanalysen verwenden als Korrelationsbezug

- die Code-Struktur ([18]),

- den Programmieraufwand ([402]),
- den Programmierstil ([174]),
- die Strukturiertheit ([141]) und
- die Fehlerrate ([349]).

6.5.2 Validation durch Korrelation mehrerer Metriken

Im Gegensatz zu anderen Metrik-Validationen, die

- verschiedene Metriken *einem* Software-Merkmal zuordnen bzw.
- verschiedene Software-Merkmale an *einer* Metrik prüfen

untersuchten Kafura und Canning die Korrelation *verschiedener* Metriken (Strukturmetriken (zur Charakterisierung der Systemqualität) und Code- und hybride Metriken (zur Charakterisierung der Test- und Wartungsphase)) zu *verschiedenen* Software-Charakteristika ([209]), wie

- Fehlerrate und
- Kodierungszeit,

und beschreiben somit die Eignung der Software-Metriken für ausgewählte Probleme der Software-Erstellung.

6.5.3 Mehrerer Korrelationsanalysen für die Metriken-Validation

Bei vielen Publikationen werden Korrelationen zwischen Software-Metriken angegeben (um beispielsweise die große Vielfalt der Metriken zu reduzieren). Dabei wird sich zumeist auf ein Korrelationsmaß beschränkt (siehe z.B. [209] und [249]), welches zu oberflächlichen und sogar falschen Aussagen führen kann. So wurde zum Beispiel eine Korrelation zwischen McCabes's Metrik und dem LOC-Maß nachgewiesen und daraus geschlußfolgert, daß die Komplexität mit wachsender Programmlänge wächst. In Wirklichkeit ([146], S. 85) hat man aber nur gezeigt, daß die Anzahl von Entscheidungen mit wachsender Programmlänge steigt. In [162] wurden daher derartige Korrelationen nach Bravais (bzw. Pearson), Spearman und Kendall betrachtet. Diese realitiv umfangreiche Analyse dient leider nur der Verdeutlichung des Validationsproblems überhaupt.

6.6 Metriken-Standards

Eine wichtige Voraussetzung für die angestrebte ingenieurmäßige Software-Produktion ist die Vorgabe von Standards. Ein wesentliches Ziel ist dabei die Qualitätssicherung überhaupt (siehe Abschnitt 2.2.2). Dafür gelten bereits die allgemeinen Normen

- des DIN (wie z.B. die DIN 55350 ([115]) bzw.
- die DIN/ISO 9000 bis 9004 (als Europanorm (EN) 29000 bis 29004, siehe [116], [117], [118], [119] und [120]).

Um jedoch diese Qualitätsanforderungen beispielsweise durch Metriken zu quantifizieren, sind ebenso Standards für die zu verwendenden Metriken notwendig.
Einen ersten Ansatz stellen die IEEE-Standards 982.1-1988 und 982.2-1988 ([193], [194]) dar, die erst im Zusammenhang mit einem Software-Qualitätsplan (IEEE-Standard 983-1986, [192]) eine sinnvolle Anwendung ergeben. Dennoch handelt es sich zunächst um einen ersten Ansatz, da insbesondere die Zuordnung der Metriken zu den jeweiligen Qualitätsmerkmalen unter der Weiterentwicklung der Hard- und Software-Grundlagen stets neu zu überdenken ist ([384]) und eine Reihe von Maßen nicht in erforderlichem Maße validiert sind. Bemühungen auf diesem Gebiet sind beispielsweise ([13]):

- die Erstellung eines Metrik-„Framework", das eine Überblick zu den Metriken und Standardisierungsrichtungen aufzeigt,

- ein Handbuch zur Messung, Abschätzung und Bewertung für den Software-Entwickler,
- ein gleichartiges Handbuch für den Nutzer bzw. Auftraggeber,
- ein Metriken-Plan zur quantifizierten Übersicht für das Projektmanagement und
- eine Sammlung minimaler Anforderungen für die Dokumentation und den Test der Software.

Diese Arbeiten werden im Unterkommitee JTCI/SC7 der ISO durchgeführt und sollen bereits 1992 zu konkreten Ergebnissen führen.

Die Validation von Metriken besitzt auch heute noch einen insgesamt unbefriedigenden Stand.

Für die geforderte Validität eines Software-Maßes, welches es als „gebräuchlich" oder „praktikabel" kennzeichnet, gilt ([146], S. 88):

- Das Software-Maß erfüllt die meßtheoretischen Anforderungen bei der repräsentierenden Eigenschaft.
- Das Schätzsystem ist stochastisch vollständig beschrieben bezüglich der geschätzten Merkmale.

In diesem Sinne ist bei der Anwendung einer Software-Metrik zunächst erst einmal die Einhaltung dieser Forderungen zu prüfen. Erst dann ist zu prüfen,

▷ was das Maß *wirklich* mißt und

▷ ob dieses Attribut den eigenen Zielvorstellungen entspricht.

Ein einfaches Aufschlagen einer Seite in diesem Buch oder in den erwähnten Artikeln und die einfache Übernahme der jeweiligen Software-Metrik wird selten die beabsichtigte Quantifizierung der gewünschten Zielvorstellungen bringen.

Einen wichtigen Aspekt für die Nutzung von Metriken ist die „Tool-Landschaft" auf die im folgenden Kapital näher eigegangen wird.

7 Meß-Tools

7.1 Arten von Meß-Tools

Je nach Ansatzpunkt einer Software-Messung, wie z. B. zur

- gesteuerten Software-Messung, um Metriken ableiten zu können;
- Validierung von Software-Metriken;
- Ermittlung von Teilwerten für die Anwendung einer Software-Metrik;
- Bestimmung der Characteristika eines Software-Entwicklungsteams, um spezielle Meßverfahren anwenden zu können;
- unmittelbaren Anwendung von Software-Metriken für die Software-Qualitätsanalyse;
- unmittelbaren Anwendung von Software-Meßverfahren einschließlich ihres Feedbacks auf den Software-Entwicklungsprozeß;
- Erlernung der Metrikarten und -inhalte überhaupt.

sind auch die in den folgenden Abschnitten beschriebenen Meßtools klassifiziert.

7.2 Experimentier-Tools

Experimentier-Tools dienen zunächst erst einmal dazu, mögliche Meßansätze zu finden. Basili und Rombach definieren hierzu folgende Anforderungen [28]):

▷ einen Mechanismus zur Definition der konstruktiven und analytischen Aspekte der Projektziele in einer operationalen und quantifizerbaren Form,

- ▷ eine rechnergestützt gewonnene und manuell ermittelte (validierte) Datenmenge der Projektcharakteristika (als Erfahrungswerte),
- ▷ einen Mechanismus zur Steuerung des Meßvorganges und der Analyse,
- ▷ einen Mechanismus zur Interpretation der Analyseergebnisse und der Gewährleistung eines Feedback zur Validation der zugrundeliegenden Modelle, Methoden und Tools,
- ▷ Mechanismen zur Gewährleistung des Lernens für die jeweiligen Entwicklerteams,
- ▷ eine homogene (bezüglich aller Mechanismen) Nutzeroberfläche,
- ▷ einen effektiven Mechanismus für die Datenpräsentation, die Informationen und die Wissensbasis,
- ▷ eine effektive Speicherung und Suche aller gespeicherten Informationen,
- ▷ einen Sicherheitsmechanismus für die Daten des Experimentiersystems selbst,
- ▷ einen Mechanimus zur Implementation unterschiedlicher Varianten der Konfiguration und Systemsteuerung,
- ▷ ein Interface zur Software-Entwicklungsumgebung der jeweiligen Firma und
- ▷ eine Architektur, die eine verteilte Verarbeitung gestattet.

In [28] ist ein derartiges Experimentiersystem TAME (*Tailoring A Measurement Environment*) konzipiert, welches die oben genannten Anforderungen berücksichtigen soll.
Ansatzpunkte für das gezielte Experiment bei der Software-Entwicklung sind in [31] angegeben.

7.3 Lern-Tools

Lern-Tools dienen der Schulung der Software-Metrikproblematik und dem Vertrautmachen mit Metriken überhaupt. So werden beispielsweise in einem Europäischen Projekt METKIT (*Metrics Educational ToolKIT*), [63], [62], [329] und [399]) Tools zur Klärung derartiger Probleme, wie die Frage nach

- dem Charakter der Software-Messung,
- den möglichen Meßgegenständen,
- den anzuwendenden Metriken,
- der praktischen Anwendbarkeit und der Erfahrung mit Meß-Tools bei der Software-Entwicklung,
- u.ä.m.

erarbeitet. Beispiele sind die in 7.4.1.1, 7.4.2 und [269] beschriebenen Tools.

7.4 Tools zur Validationsunterstützung

Bei den Tools für die Validierung von Software-Metriken handelt es sich um eine rechnergestützte Bestimmung von der Validierung zugrunde gelegten Merkmalen und deren Vergleich mit den durch eine spezielle Software-Metrik erzeugten Werten.

7.4.1 Metrikbasierte Compiler

7.4.1.1 Das System ATHENA

Das metrikbasierte Compilersystem ATHENA wurde von Tsalidis ([382], [383]) u.a. an der Patras-Universität entwickelt. Es dient als Experimentiersystem für den Test von Code-Metriken in den verschiedenen Übersetzungsphasen unterschiedlicher Programmiersprachen. Das System berechnet in seiner ersten Version Komplexitätsmetriken nach

- Halstead
- McCabe
- Tai und
- Tsai (als Datenstrukturkomplexität)

Es ist ohne Probleme möglich, weitere Metriken zu implementieren. Systemkomponenten sind der Grammatikprozessor, der Metrikprozessor, der Graphikprozessor und der Reportprozessor. Damit wird eine transparente Dokumentation der Metrikeigenschaften für die jeweilige Programmiersprache erreicht.

7.4.1.2 Der Compiler MCOMP

Während ATHENA mittels Yacc in UNIX implementiert ist, wurde in [356] an der TU Magdeburg ein metrikbasierter Compiler in ICON implementiert. Er verarbeitet eine Teilsprache von MODULA und kompiliert in 80386-Assembleranweisungen. Das Compiler-Protokoll ist um die Wertangaben der

- McCabe-Metrik,
- Halstead-Metrik,
- Tai-Metrik,
- Belady-Metrik und
- Berns-Metrik

erweitert und protokolliert somit die dem jeweiligen Programm entsprechenden Metrikwerte. Diese Maße können auch bereits beim Editieren bestimmt und ausgewiesen werden.

7.4.2 Das System METRICS

Das Metrikdemonstrationssystem METRICS (heute kurz MDS) wurde in den Jahren 1987-88 von Zuse entwickelt ([412]) und hat folgende Charakteristika:

- Es erstellt, modifiziert und speichert Kontrollflußgraphen (aus der Literatur sind insgesamt über 200 derartiger Graphen gespeichert).
- Es berechnet die möglichen Pfade im Kontrollflußgraphen.
- Es entwickelt u.a. sogenannte Dominanzbäume, die Reduzierbarkeit, die Anzahl der Primes in einem Kontrollflußgraphen u.ä.m.
- Nicht zuletzt berechnet es die Komplexität von Kontrollflußgraphen für mehr als 100 verschiedene Metrikarten.

Dieses Demonstrationssystem gibt somit eine genaue Analyse der jeweiligen Metriken ohne die Betrachtungsweise des Metrikanwenders einzugrenzen.

7.4.3 Der Design-Metrikbewerter DEMETER

Der Design-Metrikbewertungstool DEMETER (*DEsign METrics EvaluatoR*) wurde an der RW-TUEV e.V. in Essen entwickelt ([180]) und dient der Bewertung ausgewählter Design-Metriken. Voraussetzung für die Form des Entwurfs ist die Verwendung der Entwurfssprachen

- MIDL (*Module Interface Description Language*) und
- DSDL (*Data Structure Description Language*).

Darauf basierend werden (bisher) folgende Metriken berechnet

1. die Datenstrukturmaße von Tsai u.a.,
2. das Entwurfsstabilitätsmaß von Yau,

3. die Informationsflußmetrik von Henry/Kafura sowie
4. die Basiskennzahlen, wie

NM	Modulanzahl	MCT	Modulzahl mit Steuerfluß durch globale Daten
NP	Prozeduranzahl	PCT	MCT für Prozeduren
HR	Hierarchieebenen des Programms	PP	Anzahl der Aufrufparameter
ACO	durchschnittliche Aufrufanzahl pro gerufener Einheit (Modul/Proz.)	RP	Parameteranzahl gerufener Einheiten
MCO	maximales ACO	CI	Liste der aufrufenden Einheiten
ACI	durchschnittliche Aufrufanzahl einer Einheit	NCI	Anzahl der aufrufenden Einheiten
MCI	maximales ACI	CO	Liste der aufgerufenen Einheiten
MGD	Anzahl der Module, die globale Daten verwenden	NCO	Anzahl der aufgerufenen Einheiten
PGD	MGD für Prozeduren	CPMX	maximale Aufrufpfadlänge pro Einheit
ADC	durschnittliche Anzahl der Teilkomponenten pro Einheit	CPMN	minimale Aufrufpfadlänge pro Einheit
MDC	maximales ADC		

7.5 Analyse-Tools

Als Analyse-Tools sollen hier die Hilfsmittel für die Bereitstellung der Ausgangsgrößen verstanden werden, die zur Berechnung der jeweiligen Software-Metrik benötigt werden ([285]).

7.5.1 Quellcode-Analyse

Hierbei handelt es sich um eine (i.a. statische) Analyse des Quellcodes verschiedener Programme in einer Programmiersprache. Dabei tragen derartige Analysen zunächst den allgemeinen Charakter einer Textanalyse schlechthin, wie beispielsweise (siehe [60] oder [288])

- die Auflistung aller auftretenden „Wörter" mit Angabe der Häufigkeit (absolut und prozentual) ihres Auftretens
- die Auflistung von Zeichenfolgen innerhalb eines speziellen Kontextes (z.B. alle Bedingungen zwischen IF und THEN)
- die Auflistung spezieller „Wörter" hinsichtlich ihrer Verwendung im Rahmen eines speziellen Programmierstils
- u.ä.m.

Für die im Kapitel 4 genannten Messungen für konkrete Programmiersprachen wurden ebenfalls Tools verwendet. Dabei sind Quellprogramme in den Programmiersprachen FORTRAN ([220]), COBOL ([332], PL/1 ([136]), Lisp ([85], APL ([331]), Pascal ([93]) und andere untersucht worden. Während in [220] und [332] auch dynamische Programmanalysen durchgeführt wurden, sind z.B. in [85] und [136] weiterführende statistische Auswertungen der Analyseergebnisse vorgenommen worden.
Eine (relativ) sprachunabhängige Quellcodeanalyse wurde von Redish und Smyth ([310]und [309]) an der McMaster Universität in Ontario (Kanada) mittels der beiden Tools ASSESS und AUTOMARK durchgeführt. Dabei stand die Untersuchung der Qualität des *Programmierstils* im Vordergrund mit den sechs Teilcharakteristika

▷ **Ökonomie** als Vermeidung überflüssiger Programmelemente mit den Merkmalen:

  - unbenutzte Formate,
  - unbenutzte Marken,
  - Anzahl unterschiedlicher symbolischer Bezeichnungen,
  - Gesamtzahl der verwendeten Marken,
  - Gesamtzahl der Verwendung symbolischer Bezeichnungen,
  - Gesamtzahl der Verwendung von Operatoren,
  - Gesamtzahl der Anweisungen (ohne Kommentare),

  - Gesamtzahl der im Programmlauf auszuführenden Anweisungen und
  - Anzahl der Bedingungen in den Programmverzweigungen;

- ▷ **Modularität** als Unterteilung komplexer Strukturen in Unterprogramme mit den Merkmalen:
  - durchschnittliche Größe eines Anweisungsblockes,
  - Sprungweite der GOTO's und
  - Summe der „Weite" der DO-Schleifen;

- ▷ **Einfachheit** als Verwendung einfacher oder geradliniger Methoden mit den Merkmalen:
  - Gesamtzahl der GOTO's,
  - maximale Schachtelungstiefe der DO's und IF's,
  - Anzahl der Verzweigungen,
  - „Operatorenkomplexität" als gewichtete Summe des Operatorentyps und -einbettung,
  - „Operandenkomplexität" (analog der Operatorenkomplexität),
  - Steuerflußmaß als durchschnittliche Spannweite der Steuerstruktur und
  - Einfachheit der Blockstruktur;

- ▷ **Strukturiertheit** als Wohlstrukturiertheit der Programme mit den Merkmalen:
  - keine Rücksprünge,
  - keine „rückwirkenden" Formatangaben,
  - Formatangaben innerhalb von Sprungbereichen und
  - überlappte Sprungbereiche;

- ▷ **Dokumentiertheit** als effektiven Gebrauch von Kommentaren mit den Merkmalen:
  - Gesamtzahl der Wörter in den Kommentaren,
  - Kommentare im Anfangsblock,

- Variablen, die nicht kommentiert sind,
- durchschnittliche Größe eines Kommentarblockes und
- Verhältnis berechnenbarer Anweisungen zur Anzahl der Kommentare;

▷ **Layout** als effektive räumliche Gestaltung mit den Merkmalen:

- Anweisungen, die nicht eingerückt sind und
- Anzahl leerer Kommentare.

Während AUTOMARK eine Meßwerttabelle erzeugt, druckt ASSESS eine pseudografische Darstellung der Meßergebnisse durch die Einordnung in eine Ordnungsskala (*low, average* und *high*). Analyse-Tools dienen aber auch der „Erschließung" der Software für deren weitere Portierung im Rahmen des sogenannten Reverse Engineering ([234] und ermöglichen dabei die Darstellung der internen und externen Programmstruktur, des Datenflusses und anderer Merkmale des Programm-Codes.

7.5.2 Einfache Metrikberechnungen

Unter einfachen Metrikberechnungen sollen hier Tools verstanden werden, die durch Eingabe eines Quellporgrammcodes oder eines Textes automatisch die Werte einer ausgewählten Software-Metrik bestimmen. Dazu zählen beispielsweise

- die Berechnung des LOC-Maßes (beispielsweise mittels VAX SCAN ([377])),
- die Erarbeitung von Ausgangsgrößen für eine allgemeine Programmkomplexitätsbestimmung (mittels des SCA-Tools (*Source Code Analyzer*) in [376]),
- die Ermittlung der Halstead-Maße mittels eines Turbo-Pascal-Programms HALSTEAD in [179] (hierbei sind jedoch die Ausgangsgrößen, wie Operanden- und Operatorenanzahl, noch manuell einzugeben),

- die rechnergestützte Bestimmung der Halstead-Maße für eine Programmiersprache (z.B. in [301]),
- die rechnergestützte Bestimmung der Halstead-Maße für beliebige Programmiersprachen (durch Vorgabe der jeweiligen Syntax in [341]),
- die rechnergestützte Berechnung der Stetter-Maße mittels eines Turbo-Pascal-Programmes STETTER in [283] für Pascal-Programme,
- die rechnergestützte Berechnung der Stetter-Maße für eine Programmiersprachklasse (in [196]),
- die rechnergestützte Bestimmung der McCabe-Komplexität für SMALLTALK-Methoden in [244],
- die rechnergestützte Berechnung des McCabe-Komplexitätsmaßes für Pascal-Quellprogramme (in [313]),
- die
  Bestimmung der McCabe-Komplexität für COBOL-Programme mit dem Tool COMPLEXIMETER (in [135]),
- die Berechnung von Informationsflußmetriken mittels eines Gandalf-Systems (in [210]),
- die rechnergestützte Bestimmung der McCabe-Komplexität für eine Programmiersprachklasse (in [91] und [109]) und
- die rechnergestützte Komplexitätsberechnung nach McCabe mittels ACT (*Analysis of Complexity Tool*) für die Programmiersprachen C, FORTRAN, COBOL, Ada, BASIC, PL/1, Pascal 8086- und 6502-Assembler ([189]).

7.5.3 Leistungsanalyse

Zur Leistunganalyse (*Performance analysis*) sind vor allem die „klassischen" Tools zur Software-Entwicklung, wie Editoren, Compiler, Debugger und Generatoren anwendbar. Einige spezielle Tools sind beispielsweise ([293], [319])

Tool	*Entwickler*	*Funktion*
SPIDER	University of Arizona	Ressourcenverwendung von SNOBOL4-Programmen
Q+ visual modeler	AT&T Bell Laboratories	Modelleingabe und Animation
NASS	Simnet, USA	Simulation der Kommunikations- und Kapazitätsplanung
PM	Parasoft, USA	Analyse paralleler Software-Strukturen
Axe	NASA Armes Research Center	Analyseumgebung für parallele Systeme
Hyperview	Univeristät Illinois	Datenanalyse und Visualisierung komplexer Software-Systeme
Simple/Care	Stanford Universität	sprachunabhängiges Simulationssystem für parallele Systeme

7.6 SQA-Tools

Tools zur Software-Qualitätssicherung sollten neben der ständig durch sie möglichen Kontrolle in allen Phasen der Software-Entwicklung auch solche Fragen beantworten, wie ([111], [342]):

- Wie gut war der Entwurf (bzw. die Spezifikation) oder die Implementation?
- Welche Nutzen brachte die (u.U.) Einführung einer neuen Methode?
- Wieviel Zeit bzw. Artbeitsaufwand wurden nutzlos vergeudet und warum?
- Zahlten sich Investitionen für die Weiterbildung des Personals aus?

7.6.1 Das Qualitätssicherungsprogramm QAP

Das Qualitätssicherungsprogramm QAP (*Quality Assurance Program*) wurde von Gustafson und Kerr (Computer Sciences Corp., Kalifornien, [165]) entwickelt. Es schlägt dem Anwender einen Software-Qualitätssicherungplan vor und ist durch zwei unabhängige Bearbeitergruppen

- der *Technical Review Group (TRG)* für die Absicherung der technischen Parameter eines Software-Produktes und
- der *Management Review Group (MRG)* für die Gewährleistung der Entwickler- und Nutzeranforderungen des Software-Produktes.

QAP basiert auf folgende Architekturvorstellung der Software-Entwicklung als Schnittstellen für die Software-Qualitätssicherung

- Konzeption:
  - Dokumentenstandards,
  - Kostenabschätzungs-Tools,
  - Anforderungsanalyse-Tools,
  - Reviews,
- Definition:
  - Dokumentenstandards,
  - Cross-Refenrenz-Tools,
  - Reviews,
- Entwurf:
  - Dokumentenstandards,
  - verfeinerte Kostenabschätzung,
  - PDL-Tools,
  - Reviews,
- Implementation:

  - Dokumentenstandards,
  - Kodierungsstandards,
  - Konfigurationsmanagement,
  - Akzeptanzprüfungen,
  - Integrationsaktivitäten,

- Wartung:

  - Dokumentenstandards,
  - Konfigurationsmanagement,
  - Akzeptanzprüfungen,
  - Integrationsaktivitäten.

Den Effekt, den QAP bei Anwendungen gebracht hat, schätzen Gustafson und Kerr vor allem in der hohen Wartungsfreundlichkeit der unter Einbeziehung von QAP entwickelten Software-Produkte.

7.6.2 Das Kostenschätzsystem ESTIMACS

Das System wurde an der City Universität in New York von Rubin 1983 entwickelt ([328]) und setzt sich aus folgenden Komponenten zusammen

Das ESTIMACS System		
Komponente	*Funktion*	*bewertete Merkmale*
System Development Effort Estimator	Entwicklungsaufwand in Stunden	Systemkomplexität Systemeinordnung Entwicklerteamart Business-Funktionsumfang Mängel im Zielsystem Zielsystemkomplexität
Staffing and Cost Estimator	Personalaufwand	Aufwand in Stunden Programmiererproduktivität Entwicklererfahrung Anteil der Erfahrung in jeder Phase
Hardware Configuration Estimator	Systemkonfiguration	Systemkategorie Systemsoftwareart Window-Möglichkeit Transaktionsumfang
Risk Estimator	Risikoabschätzung	Systemgröße Projektstruktur Zieltechnologie
Portfolio Analyzer	Projektanalyse zu benachbarten Projekten	benötigte Ressourcen benachbarter Projekte relatives Projektrisiko

Der Einsatz erfolgt im gesamten Software-Entwicklungszyklus und unterstützt wesentlich das Projektmanagement.

7.6.3 Automatisierte Qualitätssicherung mittels SOFTDOC

Das System SOFTDOC ist eine Komponente des SOFTING (*Software Engineering System*) und wurde von zwei ungarischen Firmen Anfang der 80-er Jahre entwickelt (SZKI und SZAMALK) und generiert folgende Analysedokumente ([360]) in Form einer statischen Programmanalyse

- *auf der Modulebene*
  - die Ein- und Ausgabedaten jedes internen Abschnittes bzw. Programmes
  - die Datenstrukturen,
  - den Datencode,
  - die Datenreferenzen,
  - die Modulstrukturen,
  - die Modulschnittstellen,
  - den Modulsteuerfluß und
  - die Modultestpfade;
- *auf der Programmebene*
  - die Ein- und Ausgabedatenkapsel jedes Moduls,
  - den intermodularen Datenfluß,
  - die File-Struktur,
  - die Programmstruktur und
  - die Modulaufrufhierarchie;
- *für jedes Programm*
  - den Datenfluß zwischen den Programmen,
  - das Data Dictionary,
  - die Prozeßstruktur und
  - die Modul-Cross-Refenrenzen.

Diese Daten dienen dem rechnergestützten Vergleich mit der jeweiligen Spezifikation des Software-Produktes. Zur weiteren Unterstützung der Software-Qualitätssicherung wird die Komponente SOFTEST für die dynamische Programmanalyse ([358]) zur Verfügung gestellt.

7.6.4 Die SQA-Tools von DEC

Neben den für die Software-Entwicklung gebräuchlichen Tools, wie Dokumentations-Tools, Editoren, Compiler und Debugger sind von DEC folgende Tools zur Unterstützung der Software-Qualitätssicherung einsetzbar ([132]):

▷ *für die Beherrschung der Projektkomplexität*

- VAX Software Project Manager
- VAX DEC/CMS (Complexity Management System)
- VAX DEC/MMS (Module Management System)
- DEC/Test Manager

▷ *für die Beherrschung der Projektwartung*

- VAX Source Code Analyzer
- VAX Performance and Coverage Analyzer

Dabei werden u.a. folgende Maße bestimmt

- *die Entwicklungsproduktivität (EP)*

$$EP = \frac{S}{C} \tag{7.1}$$

mit $C = C_{P1} + C_{P2} + C_{P3}$, wobei gilt

C_{Pi} – Anzahl der Mitarbeiter pro Monate der Entwicklungsphase i;
S – Produktumfang (s.u.)

- *die Fehlerrate (DR)*

$$DR = \frac{D}{S} \tag{7.2}$$

mit $D = D_b + D_d + D_r$, wobei gilt

D_b – Korrekturen oder Fehler, die durch den Auftraggeber genannt werden
D_d – durch den Auftraggeber genannte Dokumentationsfehler
D_r – durch den Auftraggeber genannte Restriktionen für die Nutzung der Software

sowie $S = (S_e + S_c)/1000$ mit

S_e – Anzahl der datendefinierenden Zeilen
S_c – Anzahl der Kommentarzeilen

Bei praktischen Anwendungen konnten Erfolge hinsichtlich der Kostensenkung durch bessere Analysierbarkeit der Software-Entwicklung erreicht werden.

7.6.5 Software-Bewertung mit QUALIGRAPH

Das System QUALIGRAPH wurde von der Firma SZKI in Budapest entwickelt ([304] und [373]) und unterstützt

- die Qualitätsmessung,
- den Software-Produktvergleich und
- den Test und die Wartung.

Es ist in Pascal geschrieben und kann auf die Programmiersprachen Pascal, COBOL, PL/1, FORTRAN, PL/M, PDL, dBASE III und C angewandt werden. Das System besteht aus zwei Komponenten, dem sprachabhängigen Analysator, der die lexikalische, syntaktische und semantische Analyse des Eingabeprogramms vornimmt, und dem sprachunabhängigen Inspektor für die Auswertung und Erstellung der Dokumentation. Die Ausgaben des Systems sind

- Übersicht zur Modulstruktur in Form von

  - Aufrufgraphen (*call graph*),
  - Aufrufmatrizen,
  - Erreichbarkeitsmatrizen,
  - Tabellen der Aufrufbeziehungen,
  - Tabellen der Erreichbarkeitsbeziehungen,
  - Zugriffswahrscheinlichkeitsangaben,
  - Bestimmung der strukturellen Komplexität,
  - Berechnung der hierarchischen Komplexität,
  - Auflistung der Aufrufpfade,
  - Angaben zur Testbarkeit der Aufrufpfade,
  - Angaben zur Testbarkeit eines Programms,
  - Listen der nicht erreichbaren Komponenten,
  - Listen der internen Aufrufe,
  - Listen der externen Aufrufe,

- Informationen zur Steuerstruktur in Form von

  - Darstellung des Strukturgraphen,
  - Maßen zur Charakterisierung der Steuerstruktur, wie Knotenanzahl, zyklomatische Zahl, Anzahl der Pfade, durchschnittliche Pfadlänge, Steuerentropie und durchschnittliche Verzweigungstiefe,
  - Angaben zum Testbaum,
  - Auflistung der Testpfade,
  - Angaben zur Kommentierung,
  - Berechnung der Halstead-Maße,

- Statistiken zu den Programmanweisungen, wie

  - Häufigkeitsangaben zur Verwendung,
  - prozentuale Angaben.

Das System ist bereits seit über 15 Jahren im Einsatz und dient der praktischen Anwendung der Software-Metriken (vor allem als Code-Metriken).

7.6.6 Das Bewertungsprogramm DATRIX

Das Programm DATRIX ([99], [321], [320]) dient der Bewertung der Software-Qualität, analysiert C-, Pascal und FORTRAN-Code und ist kompatibel mit solchen Datenpräsentationssystemen wie Lotus 1-2-3, SAS, DBase, Oracle u.a.m. Folgende Qualitätsfaktoren werden gemessen:

Faktor	*Merkmal*	*„Normalwerte"*
Umfang	Anweisungsanzahl	10 - 300
	Knotenanzahl	2 - 30
	Entscheidungsknoten	0 - 12
	Kantenanzahl	1 - 20
	Anzahl sich kreuzender Kanten	0 - 5
Testbarkeit	Anzahl unabhängiger Pfade	1 - 10000
	Schleifenanzahl	0 - 5
	mittlere Verschachtelungstiefe	0 - 4
	mittlere Knotenkomplexität	1 - 7
	mittlere Entscheidungsknotenreichweite	1 - 13
Lesbarkeit	Code/Kommentar-Verhältnis	50 - 100
	Kommentarumfang in den Deklarationen	150-2000
	Kommentarumfang in den Strukturen	150-2000
	Kommentarumfangsverhältnis	10 - 30
	größte Bezeichnerlänge	5 - 10

Ebenso gehen auch Maße für die Programmstrukturiertheit in die Wertung mit ein. DATRIX unterstützt also vor allem den Entwurfs- und Implementationsprozeß und ermöglicht ein unmittelbares Feedback.

7.6.7 Der Software-Bewertungsplatz SVS

Der Softwarebewertungsplatz SVS wurde an der TU Magdeburg entwickelt ([125], [225]) und stellt eine Weiterentwicklung eines Softwarebewertungsprogrammes EXPERT ([178]) dar. Er hat folgende Charakteristika

- als Bewertungsmodell dient das McCall-Modell,
- die Bewertung der Einzelgrößen wird angezeigt und kann separat dokumentiert werden,
- einzelne Merkmale, wie die strukturelle Komplexität und der Programmieraufwand werden rechnergestützt (zunächst nur für Pascal-Programme) realisiert,
- das System besteht aus einer Menge von Pascal-Prozeduren und ist – insbesondere hinsichtlich der Rechnerstützung – erweiterbar.

Ein Vorläufer dieses Bewertungsplatzes wurde bereits in der Praxis erprobt und ergab folgende Erkenntnisse

▷ Maßzahlen sollten nahezu ausschließlich rechnergestützt ermittelt werden (z.B. die Ausgangsdaten für die Code-Metriken u.a.),

▷ die Sitzung mit dem Bewertungsplatz machte z.T. erst einmal die zu bewertende Vielfalt und deren Inhalt bewußt,

▷ (nicht zuletzt) zeigte sich, daß die zielgerichtete Berücksichtigung von Metriken bei der Software-Entwicklung so früh wie möglich zu erfolgen hat.

Eine Erweiterung von SVS für die nahezu vollständige rechnergestützte Maßzahlbestimmung ist in [379] beschrieben.

7.6.8 Das SQA-System ESQUT

Das System ESQUT (*Evaluation of Software Quality from User's viewpoinT*) wurde von TOSHIBA (Japan) im Rahmen eines Integrierten Software-Management und -Produktionssystem (IMAP) entwickelt ([185] und [406]) und ist sowohl in der Implementationsphase als auch im Entwurf anwendbar. Es besteht aus folgenden Komponenten;

ESQUT-C: zur Analyse des Quellcodes (C – Code) mit den Metriken

- Anzahl der GOTO's
- Anzahl der Modulaustritte
- Anzahl der bedingten Anweisungen
- Anzahl der Prozedurblöcke
- Verschachtelungsniveau der Prozedurblöcke
- Anzahl der Berechnungen
- Zeilenzahl (LOC)
- Anzahl der Realgrößen

wobei die verwendeten Code-Maße mit der McCabe- und Halstead-Metrik korrelieren;

ESQUT-TFF: zur Analyse des Entwurfs (TFF – Technical formula For Fifty steps design method) mit den Metriken

- Anzahl der Prozedur-Boxen
- Anzahl der Bedgingungs-Boxen
- Zyklenanzahl
- Verschachtelungsniveau der Bedingungs-Boxen
- Verschachtelungsniveau der Zyklen
- Anzahl der Bedingungs-Boxen in den Zyklen

wobei eine „Box" die grafische Präsentation einer Anweisung(smenge) durch den grafischen Entwurfs-Tool darstellt.

7.6.9 Das Analyse- und Bewertungs-Tool LOGISCOPE

Das Meß-Tool LOGISCOPE dient der Bewertung eines Software-Produktes hinsichtlich ([231], [244])

- der Komplexität der Architektur,
- der Komplexität der Struktur und

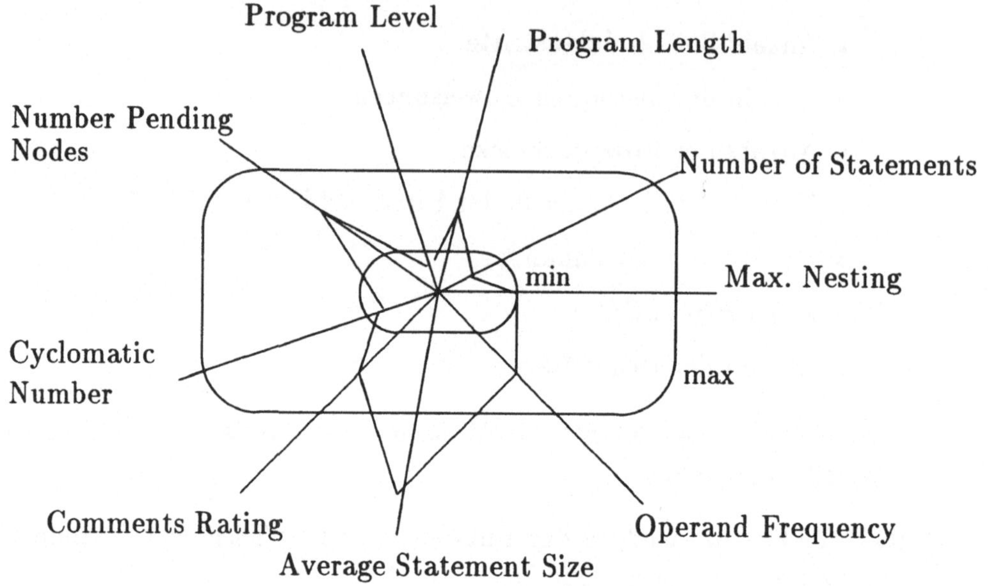

Abbildung 7.1: Beispiel einer LOGISCOPE-Auswertung

- der Komplexität der Anweisungen.

Ein Bewertungsbeispiel ist in Abb. 7.1 gegeben.

Es verwendet die sogenannten Kiviat-Diagramme, die eine unmittelbare visuelle Einschätzung bezüglich Wertebereichsüber- oder -unterschreitungen ermöglichen. Es erlaubt darüberhinaus eine graphische Präsentation des Programmsteuerflußgraphen und des zugehörigen Call-Graphen und ermöglicht somit wirkungsvoll die Effektivierung des Programmcodes.

7.6.10 Weitere SQA-Tools

Die im folgenden aufgelisteten SQA-Tools sind dem Autor nur als Ankündigung bekannt und daher nur kurz genannt

BIS/Estimator: Dieses Tool wurde von LPA (Logic Programming Associates) in London entwickelt ([95]) und ermöglicht, Projektmanagementinformationen in den Phasen der Software-Erstellung zu ermitteln und zu verwalten. Es ist außerdem in andere Software-Systeme einbindbar, wie beispielsweise in Lotus 123 und in PMW (Project Manager Workbench).

EDSA: EDSA (Expert Dataflow and Satic Analysis) wurde von Array Systems Computing (USA) entwickelt ([238]) und analysiert vor allem die Datenflüsse in Ada-Programmen.

MOSES: Das System MOSES (*Metric-Oriented Software Evaluation System*) wurde von DEC (Italien, [236]) entwickelt und wendet Metriken für den Quellcode von COBOL-, C- oder Pascal-Programmen an.

PMS: Das System PMS (*Partial Metric-Based System*) wurde 1984 von Reynolds ([316]) entwickelt und stellt eine modifizierte Anwendung der Halstead-Metrik für den Software-Entwurf in Form einer Pseudocode-Darstellung dar.

PROMIS: Das System PROMIS (*PROduction Management Informatin System*) stellt eine Anwendung des Boehmschen COCOMO dar ([187]) mit der vorrangigen Orientierung auf die Programmieraufwandsschätzung.

Seela: Dieser Tool von Tuval Software Industries (USA) unterstützt die Software-Wartung ([238]) durch „Fokussieren" des Programmcodes.

RMP: Das *Reliabilty Measurement Program* (RMP (Abkürzung vom Autor)) wurde am AT&T Bell Laboratories entwickelt ([273]) und beruht auf einer Strategie zur Abschätzung der Zuverlässigkeit auf der Basis der auftretenden Fehler in einem Software-System.

SPEVAL: Das Programm SPEVAL dient der Bewertung eines Softwareprozessors ([124]) hinsichtlich *Implementationswert* (als Entwurfs-, Programmierungs- und Integrationsaufwand), *Handhabungswert* (als Aufwand zur Inbetriebnahme, Lernaufwand und Resourcenverbrauch) und *Wartungswert* (als Änderungsaufwand, Erweiterungsaufwand und Portabilitätsaufwand). Grundlage für die Berechung der genannten Maße sind allgemeine Software-Maßzahlen.

STARS: Das Meßprogramm STARS (*Software Technology for Adaptable, Reliable Systems*) berechnet die in 5.3.5 beschriebenen Maße und wurde vom RADC (Rome Air Development Center) in Base (USA, [77]) entwickelt.

Vifor: Dieser Software Tool, von Software Tools and Technologies (USA) entwickelt ([238]) transformiert Code-Skelette in Programmgraphen und stellt zahlreiche Analysemöglichkeiten zur Verfügung.

Rigi: Rigi ist ein graphischer Editor, der an der Viktoria-Universität in Kanada von Müller 1990 entwickelt wurde ([264]), der einen (modularen) Entwurf hinsichtlich

- Zusammenhangsmaß,
- Vor- und Nachfolgekomponenten,
- Teilkomponenten und
- Unterteilungsgrad

bewertet und somit eine Qualitätseinschätzung des Entwurfs ermöglicht.

AIME: Hierbei handelt es sich um ein „Trainings- und Ausbildungs"-Tool für das System ZEUS ([381]).

ZEUS: Dieses Tool dient dem Projektmanagement im gesamten Zeitraum der Software-Entwicklung ([381]) und hat folgende Charaktersitika:

- Es unterstützt die Qualitätsbewertung durch rechnergestützte Inspektionen und deren Auswertung.
- Es ist relativ sprachunabhängig (für Pascal, C, C++, ADA, Modula, COBOL usw.) einsetzbar.
- Es gestattet die Erweiterung um eigene Software-Metriken.

- ZEUSS gewährleistet eine grafische Präsentation der Ergebnisse für eine bessere Interpretation durch den Anwender.

COMPLEX: Dieses Tool wurde bei Siemens in Princeton (USA) entwickelt ([251]) und dient der Bestimmung von Metrikwerten, wie beispielsweise der Anweisungsanzahl, zyklomatischen Zahl, der relativen Unstrukturiertheit, der Schleifenanzahl und der Verschachtelungstiefe. Neben der Wertbestimmung werden auch „Wertüberschreitungen" kommentiert und weisen den Anwender auf Problemstellen und -bereiche im Programm hin.

SMACK: Das Programm SMACK ([324]) ist eine Ergänzung zu SMALLTALK (von CRIL in Rennes (Frankreich) 1988 entwickelt) und dient der im Abschnitt 5.5.18.2 angegebenen Maße für objektorientierte Programmiersysteme.

QUALMS: Hierbei handelt es sich um ein SQA-Tool, das 1988 im Rahmen des bereits oben genannten METKIT-Projektes entwickelt wurde. Es bewertet Implementationen in den Programmiersprachen C, CORAL, FORTRAN, KINDRA, LOTOS, PASCAL und Z.

8 Software-Entwicklung nach Maß

Hierbei geht es um die eigentliche Anwendung der zuvor behandelten Thematik. Insbesondere geht es um solche Fragen, wie

- Welche Tools könnten genutzt werden?
- Welche Metriken sind zu verwenden ?
- Was ist zu messen ?

Unterteilt nach Anwendungsgruppen und -arten werden Strategien vorgeschlagen (wirklich nur vorgeschlagen, da gegenwärtig eine einheitliche (standardisierte) Nutzung noch nicht möglich ist). Die Ausgangssituation schätzt Bhide ([44]) ein:

- o Software-Metriken setzen zumeist auf einem sehr niedrigen Niveau (zumeist dem Quellcode) an.
- o Software-Metriken schließen zumeist nur wenige Programmelemente ein (höchsten noch zwischen zwei Modulen).
- o Zum Teil sind sie zwar einfach zu berechnen, wie z. B. die Zeilenanzahl (LOC), können dafür aber auch nur begrenzt angewendet werden.
- o Sie sind hauptsächlich nur auf spezielle Phasen der Software-Entwicklung gerichtet, zumeist auf die Software bezogen und berücksichtigen solche Einflußgrößen wie Schulungsniveau oder Dokumentation noch zu wenig.
- o Software-Metriken erbringen zumeist nur eine Teiloptimierung des Produktes oder Prozesses und berücksichtigen noch zu wenig die Gesamtsicht.
- o Ein sinnvolles Zusammenspiel verschiedener Software-Metriken (insbesondere für verschiedene Entwicklungsphasen ausgelegt) existiert noch nicht.

- Software-Metriken sind oft sehr problemspezifisch und nicht universell anwendbar.

Trotz dieser wenig verheißungsvollen Aussichten sollen im folgenden einige Hinweise und Strategien für eine sinnvolle Anwendung der Software-Metrie angegeben werden.

8.1 Metrikbasierte Anwendungsprogrammierung

Aus der Kenntnis der Software-Metriken sind für die Anwendungsprogrammierung ohne metrikbasierte Tools unmittelbar Hinweise zum Programmierstil zu entnehmen. So beispielsweise

▷ die Vermeidung von komplexitätserhöhenden Programmierweisen, wie

- starke Verschachtelungen,
- entscheidungsintensive Bereiche (die CASE-Anweisung ausgenommen),
- umfangreiche Modulkopplungen durch eine große Parameterzahl,
- komplizierten Datenbezug über mehrere Stufen bzw. durch Mehrfachverwendung
- u.ä.m.

▷ die ständige Erfassung der Aufwände im eigenen Programmierumfeld, um bei einer Metrikanwendung die realen, firmenspezifischen Wirkungen zu bestimmen und

▷ die Herausarbeitung der für die jeweilige Software wesentlichen, zu *quantifizierenden* Charakteristika.

Es handelt sich hierbei also um Anregungen für eine effektivere, den wirklichen Anforderungen genügenden Software-Erstellung.

8.2 Metrikbasierte Tools

Die Entwicklung und Verbreitung von metrikbasierten Tools zur effizienteren Software-Entwicklung kann nicht Aufgabe der Anwendungsprogrammierung sein. Hier sind die Systemhersteller gefordert, die aus der Kenntnis der angebotenen (durch Editor, Compiler und Debugger) Programmiersprachen bereits eine metrikbasierte Programmierweise unterstützen sollten. Ebenso ist das auch eine Forderung an die Hersteller von Entwicklungssystemen (wie Produktionsumgebungen oder CASE-Tools), die eine phasenbezogene Bewertung bzw. quantifizierte Darstellung für die Bewertung durch den Anwender ermöglichen sollten.

8.3 Metrikbasierte Software-Qualitätssicherung

Eine wirklich *maßgerechte* Software-Entwicklung ist nur im Rahmen einer ganzheitlichen Planung der gewünschten Zielkriterien und deren Realisierung möglich. Eine wesentliche Einflußgröße ist dabei natürlich die Ausgangssituation, d.h. ob es sich um

- die Ersterstellung von Projekten,
- Verbesserungen oder um
- die Anwendung neuer Programmiertechniken und -sprachen

handelt. Für eine software-produzierende Firma bzw. Firmenbereich sollte eine Strategie etwa der von NEC ([371], siehe auch [68]) angewandt werden, die für jedes Objekt bzw. Phase fordert

Ziele: Qualitätsziele festlegen,

Plan: Qualitätskriterien diskutieren und festlegen,

Realisierung: Software-Entwicklung gemäß Phase,

Prüfung: Qualität messen, transparent darstellen und Einhaltung überprüfen und

Handlung: Korrekturen gemäß Prüfergebnis.

Eine sinnvolle Anwendung von Software-Metriken kann erst erreicht werden, wenn

- eine genaue Messung der *eigenen* Aufwände bzw. Fehler an der selbst erstellten Software vorgenommen wurde,
- eine klare Vorgabe der *eigenen* Zielerfordernissen vorliegt.

Danach sollte eine sinnvolle Zuordnung von Metriken zu diesen Qualitätsmerkmalen erfolgen (Vorschläge dazu sind in [13], [202] und [384] angegeben). Erst dann kann auf der Basis dieser *firmeneigenen Datenbasis* ([161]) auch eine firmeneigene Kennzahlübersicht (einschließlich der *gültigen Wertebereiche* ([94])) geführt werden und zur Effektivierung der Software-Produktion beitragen.

9 Zusammenfassung

Eine *Software-Entwicklung nach Maß* erfordert noch eine Reihe von Voraussetzungen und ist zunächst nur in einzelnen Richtungen und für einzelne Aspekte möglich. Sie hängt nicht zuletzt auch von einer (artbezogenen) Standardisierung ab. Die Software-Metrie ist dabei ein wichtiges Teilgebiet.

Entwicklungsrichtungen sind dabei ([197]):

1. die Entwicklung von Daten-Metriken, die Datenspeicherstrukturen bewerten,
2. eine metrikbezogene Entwicklung neuer mathematischer Notationen für die Software-Spezifikation,
3. weitere Untersuchungen zur Anwendung von Software-Metriken auf nichtprozedurale Sprachen (logische, funktionale u.a.),
4. weitere Untersuchungen zur Wartung formaler Spezifikationen und dessen quantitative Bewertung.

Initiiert werden diese Forschungsrichtungen vor allem von den ständig wachsenden Anforderungen der Qualitätssicherung. Sie führen zu viefältigen neuen Ansätzen, Modellen und Strategien zur Gewährleistung einer *maßgeschneiderten* Software. Anregungen sollten hier unter anderem

- für das Interesse an der Herausbildung und Qualifizierung der vielfältigen Problemstellungen der Software-Metrie,
- für die Erreichung der Fähigkeit zur Formulierung eigener Standpunkte bei der Auswahl bzw. Definition von Software-Metriken und
- für eine Orientierung zur *Software-Entwicklung nach Maß*

gegeben werden. Die breite des Gebietes der Software-Metrie erfordert weitere Spezialisierungen und Vertiefungen in den hier aufgezeigten Richtungen, um immer qualifizierter eine

Software-Entwicklung nach Maß

zu erreichen.

Literaturverzeichnis

[1] Abdel-Ghaly, A.A.; Chan, P.Y.; Littlewood, B.: *Evaluation of Competing Software Reliability Predictions.* IEEE Transactions on Software Engineering, 12(1986)2, S. 950-967

[2] Abdel-Hamid, T.K.: *Dynamics of Software Project Staffing: A System Dynamics Based Simulation Approach.* IEEE Transactions on Software Engineering, 15(1989)2, S. 109-119

[3] Abe, J.; Sakamura, K.; Aiso, H.: *An Analysis of Software Project Failure.* Proceedings of the 4th International Conference on Software Engineering, 17.-19. September, München, 1979, S. 378-385

[4] Abrams, M.D.; Treu, S.: *A Methodology for Interactive Computer Service Measurement.* Comm. of the ACM, 20(1977)12, S. 936-944

[5] Abran, A.; Nguyenkim, H.: *Analysis of Maintenance Work Categories Through Measurement.* Proceedings of the Conference on Software Maintenance 1991, Sorrento, Italien, 15.-17. Oktober, S. 104-113

[6] Akima, N.; Ooi, F.: *Industrializing Software Development: A Japanese Approach.* IEEE Software, March 1989, S. 13-21

[7] Albrecht, A.J.: *Measuring Application Development Productivity.* Tutorial – Programming Productivity: Issues for the Eighties, IEEE Computer Society, ISBN 0-8186-0681-9, 1986, S. 35-44

[8] Albrecht, A.J.; Gaffney, J.E.: *Software Function, Source Lines of Code, and Development Effort Prediction: A Software Science Validation.* IEEE Transactions on Software Engineering, 9(1983)6, S. 639-648

[9] Ambriola, V.; Ciancarini, P.; Corradini, A.; DeFrancesco, N.: *Towards Innovative Software Engineering Environments.* The Journal of Systems and Software, (1991)14, S. 17-29

[10] Anderson, E.E.: *A Heuristic for Software Evaluation and Selection.* Software – Practice and Experience, 19(1989)8, S. 707-717

[11] Arfa, L.; Mili, A.; Sekhri, L.: *An Empirical Study of Software Maintenance.* Proceedings of the Conference on Software Maintenance 1991, Sorrento, Italien, 15.-17. Oktober, S. 52-58

[12] Asam, R.; Drenkard, N.; Maier, H.: *Qualitätsprüfung von Softwareprodukten.* Siemens-Aktiengesellschaft, Berlin, München, 1986

[13] Azuma, M.: *Evaluation of Software Quality.* INSTAC Research Report, Tokio, 1991

[14] Bache, R.; Müllerburg, M.: *Measures of testability as a basis for quality assurance.* Software Engineering Journal, March 1990, S. 85-92

[15] Bailey, J.W.; Basili, V.R.: *A Meta-Model for Software Development Resource Expenditures.* Proceedings of the 5th International Conference on Software Engineering, 9.-12. März, San Diego, Kalifornien, 1981, S. 107-116

[16] Baker, A.L.; Bieman, J.M.; Fenton, N.; Gustavson, D.A.; Melton, A.; Whitty, R.: *A Philosophy for Software Measurement.* The Journal of Systems and Software, 12 (1990), S. 277-281

[17] Baker, C.T.: *Effects of Field Service on Software Reliability.* IEEE Transactions on Software Engineering, 14(1988)2, S. 254-258

[18] Baker, A.L.; Zweben, S.H.: *A Comparison of Measures of Control Flow Complexity.* IEEE Transactions on Software Engineering, 6(1980)6, S. 506-512

[19] Baker, A.L.; Zweben, S.H.: *The Use of Software Science in Evaluating Modularity Concepts.* IEEE Transactions on Software Engineering, 5(1979)2, S. 110-120

[20] Balzert, H.: *Allgemeine Prinzipien des Software Engineering.* Angewandte Informatik, 27(1985)1, S. 1-8

[21] Balzert, H.: *Quantitative Ansätze zur Bestimmung der Komplexität von Software-Systemen.* Lecture Notes on Computer Science 50, Springer Verlag, Berlin Heidelberg New York, 1981

[22] Bandyopadhyay, S.K.: *A Study on program level dependency of implemented algorithms on its potential operands.* SIGPLAN Notices, 16(1981)2, S. 18-25

[23] Bandyopadhyay, S.K.: *Theoretical Relationships Between Potential Operands and Basic Measurable Properties of Algorithm Structure,* SIGPLAN Notices, 16(1981)2, S. 26-34

[24] Banker, R.D.; Kemerer, C.F.: *Scale Economics in New Software Development.* IEEE Transactions on Software Engineering, 15(1989)10, S. 1199-1205

[25] Basili,V.R.:*Recent Advances in Software Measurement.* Proceedings of the 12th International Conference on Software Engineering, March 26-30, Nice, France, 1990, S. 44-49

[26] Basili, V.R.; Hutchens, D.V.: *An Empirical Study of a Syntactic Complexity Family.* IEEE Transactions on Software Engineering, 9(1983)6, S. 664-672

[27] Basili, V.R.; Perricone, B.T.: *Software Errors and Complexity: An Empirical Investigation.* Comm. of the ACM, 27(1984)1, S. 42-52

[28] Basili, V.R.; Rombach, H.D.: *The TAME Project: Towards Improvement-Oriented Software Environments.* IEEE Transactions on Software Engineering, 14(1988)6, S. 758-773

[29] Basili, V.R.; Selby, R.W.: *Calculation and Use of an Environment's Charactersitics Software Metric Set.* Proceedings of the 8th Conference on Software Engineering, London, August 1985, S. 386-388

[30] Basili, V.R.; Selby, R.W.: *Comparing the Effectiveness of Software Testing Strategies.* IEEE Transactions on Software Engineering, 13(1987)12, S. 1278-1296

[31] Basili, V.R.; Selby, R.W.; Hutchens, D.H.: *Experimentation in Software Engineering.* IEEE Transactions on Software Engineering, 12(1986)7, S. 733-743

[32] Basili, V.R.; Selby, R.W.; Phillips, T.: *Metric Analysis and Data Validation Across Fortran Projects.* IEEE Transactions on Software Engineering, 9(1983)6, S. 652-663

[33] Basse, B.: *Untersuchungen der Einsatzmöglichkeiten von PC-HOST-Verbindungen am Beispiel eines verteilten Informationssystems über Zugriffsrechte bei der VOLKSWAGEN AG.* Diplomarbeit, TU Magdeburg, 1992

[34] Batson, A.P.; Brundage, R.E.: *Segment Size and Lifetimes in Algol 60 Porgrams.* Comm. of the ACM, 20(1977)1, S. 36-44

[35] Beane, J.; Giddings, N,; Silverman, J.: *Quantifying Software Designs.* Proceedings of the 7th Conference on Software Engineering, Orlando, Florida, March 1984, S. 314-322

[36] Becker, G.: *Softwarezuverlässigkeit.* Walter de Gruyter, Berlin New York, 1989

[37] Becker, U.: *Qualitätssicherung in Softwareentwicklungsprojekten.* Cap Gemini SCS Industrie, Vortrag auf der CeBit'91, März 1991

[38] Behrens, C.A.: *Measuring the Productivity of Computer Systems Development Activities with Function Points.* IEEE Transactions on Software Engineering, 9(1983)6, S. 648-652

[39] Belady, L.A.; Lehman, M.M.: *A model of large program development.* IBM System Journal, 3 (1976), S. 225-252

[40] Berger, J.: *Risiko in der Systementwicklung.* Vortrag auf der GID-Fachgruppentagung (FG 4.3.1), Braunschweig, 11.9.1990

[41] Berger, J.; Dumke, R.; Feierlein, J.; Fischer, H.; Kühnel, B.: *Requirement Engineering – Anforderungen an die Informatik-Ausbildung aus der Sicht der Industrie.* erscheint in SE-Trends, 1(1992)

[42] Berns,G.M.: *Assessing Software Maintainability.* Comm. of the ACM, 27(1984)1, S. 14-23

[43] Berry, R.E.; Meekings, B.A.E.: *A Style Analysis of C Programs.* Comm. of the ACM, 28(1985)1, S. 80-88

[44] Bhide, S.: *Generalized Software Process-integrated Metrics Framework.* The Journal of Systems and Software, 12 (1990), S. 249-254

[45] Binder, L.H.; Poore, J.H.: *Field Experiments With Local Software Quality Metrics.* Software - Practice and Experience, 20(1990)7, S. 631-647

[46] Blaschek, G.: *Statische Programmanalyse.* Elektronische Rechenanlagen, München, 27(1985)2, S. 89-94

[47] Boehm, B.W.: *A Spiral Model of Software Development and Enhancement.* IEEE Computer, Mai 1988, S. 61-72

[48] Boehm, B.W.: *Industrial software metrics top 10 list.* IEEE Software, (1987) September, S. 84-85

[49] Boehm, B.W.: *Les facteurs du côut du logiciel.* T.S.I., 1(1982)1, S. 5-24

[50] Boehm, B.W.: *Software Engineering Economics.* IEEE Transactions on Software Engnieering, 10(1984)1, S. 4-21

[51] Boehm, B.W.: *Software Engineering Economics.* Prentice Hall, 1981

[52] Boehm, B.W.; Papaccio, P.N.: *Understanding and Controlling Software Costs.* IEEE Transactions on Software Engineering, 14(1988)10, S. 1462-1477

[53] Boone, G.: *The Applicability of TQM to Software Development.* Proceedings of the International Software Quality Conference, Dayton, Ohio, 7.-9. Oktober, 1991, S. 212-219

[54] Boundy, D.: *A taxonomy of programmers.* Software Engineering Notes, 16(1991)4, S. 23-30

[55] Bourque, P.; Côté, V.: *An Experiment in Software Sizing with Structured Analysis Metrics.* The Journal of Systems and Software, 12 (1990), S. 159-172

[56] Bradley, L.: *Evaluating Complex Properties of Object-Oriented Design and Code.* Proceedings of the International Software Quality Conference, Dayton, Ohio, 7.-9. Oktober, 1991, S. 32-36

[57] Bradley, L.: *Monitoring Developer-Centered SQA for the Analysis and Design Stages.* Proceedings of the International Software Quality Conference, Dayton, Ohio, 7.-9. Oktober, 1991, S. 128-131

[58] Brauns, E.: *Vergleichende Anwendung der Softwaremetriken auf die Programmiersprachen Pascal, Fortran IV, Smalltalk und Prolog.* Diplomarbeit, TU Berlin/TU Magdeburg, 1991

[59] Brooks, F.P.: *The Mythical Man-Month - Essays on Software Engineering.* Addison-Wesley Publ. Comp., 1975

[60] Brown, P.J.: *SCAN: A Simple Conversational Programming Language for Text Analysis.* Computers and the Humanities, 6(19872)4, S. 223-227

[61] Bush, M.E.; Fenton, N.E.: *Software Measurement: A Conceptual Framework.* The Journal of Systems and Software, 12 (1990), S. 223-231

[62] Bush, M.; Kelly, M.: *METKIT – Metrics Educational Toolkit.* London, 1991

[63] Bush, M.; Russell, M.: *A New Modular Course For Teaching About Software Engineering Measurement Within Academia.* Project No. 2384 - METKIT, London, 1991

[64] Buth, A.: *Softwaremetriken für objekt-orientierte Programmiersprachen.* Arbeitspapiere der GMD 545, Birlinghoven, Juni 1991

[65] Caldiera, G.; Basili, V.R.: *Identifying and Qualifying Reusable Software Components.* IEEE Computer, February 1991, S. 61-70

[66] Cantone, G.; Cimitile, A.; Carlini, U. de: *Well-formed Conversion of Unstructured One-in/one-out Schemes for Complexity Measurement and Program Maintenance.* The Computer Journal, 20(1986)4, S. 322-329

[67] Cantona, G.; Cimitile, A.; Sansone, L.: *Complexity in Program Schemes: The Characteristic Polynomial.* SIGPLAN Notices, 18(1983)3, S. 22-30

[68] Carey, D.R.: *Quality Measurements in Software.* Proceedings of the International Software Quality Conference, Dayton, Ohio, 7.-9. Oktober, 1991, S. 19-24

[69] Card, D.N.; Agresti, W.W.: *Measuring Software Design Complexity.* The Journal of Systems and Software, (1988)8, S. 185-197

[70] Card, D.N.; Agresti, W.W.: *Resolving the Software Science Anomaly.* The Journal of Systems and Software, (1987)7, S. 29-35

[71] Card, D.N.; Church, V.E.; Agresti, W.W.: *An Empirical Study of Software Design Practices.* IEEE Transactions on Software Engineering, 12(1986)2, S. 264-271

[72] Card, D.N.; Glass, R.L.: *Measuring Software Design Quality.* Prentice-Hall Inc., New Jersey, 1990

[73] Card, D.N.; McGarry, F.E.; Page, G.T.: *Evaluating Software Engineering Technologies.* IEEE Transactions on Software Engineering, 13(1987)7, S. 845-851

[74] Card, D.N.; Page G.T.; McGarry, F.E.: *Criteria for Software Modularization.* Proceedings of the 8th International Confenrence on Software Engineering, August 28-30, London, 1985, S. 372-377

[75] Card, S.K.; Moran, T.P.; Newell, A.: *The Keystroke-Level Model for User Performance Time with Interactive Systems.* Comm. of the ACM, 23(1980)7, S. 396-410

[76] Cardenes, S.; Zelkowitz, M.V.: *Evaluation Criteria for Functional Specification.* Proceedings of the 12th International Conference on Software Engineering, March 26-30, Nice, France, 1990, S. 26-33

[77] Cavano, J.P.: *Toward High Confidence Software.* IEEE Transactions on Software Engineering, 11(1985)12, S. 1449-1455

[78] Chapin, N,; Denniston, S.P.: *Characteristics of a Structured Program.* SIGPLAN Notices, 13(1978)5, S. 36-45

[79] Chen, E.T.: *Program Complexity and Programmer Productivity.* IEEE Transactions on Software Engineering, 4(1978)3, S. 187-194

[80] Cherry, L.: *Computer Aids for Writers.* SIGPLAN Notices, 16(1981)6, S. 61-67

[81] Cheung, R.C.: *A User-Oriented Software Reliability Model.* IEEE Transactions on Software Engineering, 6(1980)2, S. 118-125

[82] Christensen, K.; Fitsos, G.P.; Smith, C.P.: *A perspective on software science.* IBM System Journal, 20(1981)4, S. 372-387

[83] Chusho, T.: *Test Data Selection and Quality Estimation Based on the Concept of Essential Branches for Path Testing.* IEEE Transactions on Software Engineering, 13(1987)5, S. 509-517

[84] Cimitile, A.; Carlini, U.de : *Reverse Engineering: Algorithms for Program Graph Production.* Software – Practice and Experience, 21(1991)5, S. 519-537

[85] Clark, D.W.: *Measurement of Dynamic List Structure Use in Lisp.* IEEE Transactions on Software Engineering, 5(1979)1, S. 51-59

[86] Coad, P.; Yourdon, E.: *Object-Oriented Analysis.* Printice Hall, Inc. 1991

[87] Coallier, F.: *A Method for the Assessment of Telecom Software System Development Capability.* Quality Engineering Workshop, Ottawa, 16.-17. Oktober, 1991

[88] Cobb, R.H.; Mills, H.D.: *Engineering Software under Statistical Quality Control.* IEEE Software, November 1990, S. 44-54

[89] Comer, D.; Halstead, M.H.: *A Simple Experiment in Top-Down Design.* IEEE Transactions on Software Engineering, 5(1979)2, S. 105-109

[90] Compton, B.T.; Withrow, C.: *Prediction and Control of ADA Software Defects.* The Journal of Systems and Software, 12 (1990), S. 199-207

[91] Conradt, O.; Holz, T.: *Ein Programm zur Berechnung der strukturellen Komplexität für eine Programmiersprachklasse.* Studienarbeit, TU Magdeburg, 1990

[92] Conte, S.D.; Dunsmore, H.E.; Shen, V.Y.: *Software Engineering Metrics and Models.* The Benjamin/Cummings Publ. Comp. Inc., 1986

[93] Cook, R.P.; Lee, I.: *A Contextual Analysis of Pascal Programs.* Software – Practice and Experience, 12(1982), S. 195-203

[94] *Cost Estimation Measures.* Tutorial der SEMA-GROUP – Knowledge applied, USA, 1991

[95] *Costing the coding.* Application Brief, Logic Programming Associates (LPA) Ltd., London, 1991

[96] Côté, P.; Bourque, P.; Oligny, S.; Rivard, N.: *Software Metrics: An Overview of Recent Results.* The Journal of Systems and Software, 8 (1988), S. 121-131

[97] Coulter, N.S.: *Software Science and Cognitive Psychology.* IEEE Transactions on Software Engineering, 9(1983)2,4 S. 166-171

[98] Coulter, N.S.; Cooper, R.B.; Solomon, M.K.: *Information-theoretic Complexity of Program Specification.* The Computer Journal, 30(1987)3, S. 223-227

[99] Coupal, D.; Robillard, P.N.: *Factor Analysis of Source Code Metrics.* The Journal of Systems and Software, 12 (1990), S. 263-269

[100] Coupal, D.; Robillard, P.N.: *How meaningful are software metrics?* Bell Canada Quality Engineering Workshop, Montreal, October 4-5, 1990

[101] Crawford, S.G.; McIntosh, A.A.; Pregibon, D.: *An Analysis of Static Metrics and Faults in C Software.* The Journal of Systems and Software, 5 (1985), S. 37-45

[102] Currit, P.A.; Dyer, M.; Mills, H.D.: *Certifying the Reliability of Software.* IEEE Transactions on Software Engineering, 12(1986)1, S. 3-11

[103] Curtis, B.: *Software Metrics: Guest Editor's Introduction.* IEEE Transactions on Software Engineering, 9(1983)6, S. 637-638

[104] Curtis, B.; Sheppard; S.B.; Milliman P.: *Third Time Charm: Stronger Prediction of Programmer Performance by Software Complexity Metrics.* Proceedings of the 4th International Conference on Software Engineering, 17.-19. September, München, 1979, S. 356-360

[105] Curtis, B.; Sheppard, S.B.; Millman, P.; Borst, M.A.; Love, T.: *Measuring the Psychological Complexity of Software Maintenance Tasks with the Halstead and McCabe Metrics.* IEEE Transactions on Software Engineering, 5(1979)2, S. 96-104

[106] Cusumano, M.A.: *The Software Factory: A Historical Interpretation.* IEEE Software, March 1989, S. 23-30

[107] *Das Function-Point-Verfahren und seine Anwendung.* Volkswagen AG, Wolfsburg 1989

[108] Davis, J.S.; LeBlanc, R.I.: *A Study of the Applicability of Complexity Measures.* IEEE Transactions on Software Engineering, 14(1988)9, S. 1366-1372

[109] Deicke, P.; Krogel, M.: *Ein Programm zur Berechnung der Komplexität nach McCabe mit Vorgabe der jeweiligen Syntax.* Studienarbeit, TU Magdeburg, 1990

[110] Deininger, M.: *Ein Schema zur Klassifikation von Metriken.* Proceedings vom Workshop „Rechnergestützte Softwarebewertung", TU Magdeburg, Oktober 1990, S. 15-29

[111] DeMarco, T.: *Controlling Software Projects - Management Measurement & Estimation.* Yourdon Inc./ Prentice-Hall Inc., 1982 (deutsch: Software-Projektmanagement, Wolfram's Fachverlag, 1989)

[112] DeMarco, T.; Lister, T.: *Wien wartet auf Dich! Der Faktor Mensch im DV-Management.* Carl-Hanser-Verlag, München Wien, 1991

[113] Denert, E.: *Software-Engineering.* Springer-Verlag, Berlin Heidelberg New York, 1991

[114] Denning, P.J.: *What is software quality?* Comm. of the ACM, 35(1992)1, S. 13-15

[115] DIN 55350: *Begriffe der Qualitätssicherung und Statistik – Grundbegriffe der Qualitätssicherung.* Beuth Verlag, Berlin, 1987

[116] DIN/ISO 9000 (EN 29000): *Qualitätsmanagement- und Qualitätssicherungsnormen.* Beuth Verlag, Berlin, 1990

[117] DIN/ISO 9001 (EN 29001): *Qualitätssicherungssysteme I.* Beuth Verlag, Berlin, 1990

[118] DIN/ISO 9002 (EN 29002): *Qualtiätssicherungssystem II.* Beuth Verlag, Berlin, 1990

[119] DIN/ISO 9003 (EN 29003): *Qualtiätssicherungssystem III.* Beuth Verlag, Berlin, 1990

[120] DIN/ISO 9004 (EN 29004): *Qualtiätsmanagement und Elemente eines Qualitätssicherungssystems.* Beuth Verlag, Berlin, 1990

[121] Dörfel, F.: *SW-Projekte sind „Fuzzy" - Anmerkungen zur Verbindung von Projektmanagement und der Theorie der unscharfen Mengen.* Tagungsband der Tool'91, Karlsruhe 1991, S. 147-160

[122] Drobnik, O.: *Software-Technologie für Kommunikationstechnik.* informationstechnik, 28(1986)1, S. 44-52

[123] Dumke, R.: *Analyse und Bewertung von Softwaremaßzahlen.* Wiss. Zeitschrift der TU Magdeburg, 32(1988)3, S. 77-81

[124] Dumke, R.: *Evaluated Software Processors.* Research Report, TU Magdeburg, July 1989

[125] Dumke, R.: *Rechnergestützte Softwarebewertung.* Forschungsbericht, TU Magdeburg, März 1990

[126] Dumke, R.: *Software-Maßzahlen.* Forschungsbericht, TH Magdeburg, Januar 1985

[127] Dumke, R.: *Software Metrics in the Software Design.* Proceedings vom Workshop „Rechnergestützte Softwarebewertung", TU Magdeburg, Oktober 1990, S. 30-42

[128] Dumke, R.: *Software-Metrie.* Forschungsbericht IRB-001/91,142 S., TU Magdeburg, August 1991

[129] Dumke, R.:*Softwaremetrie - Grundlagen und Ziele.* Wiss. Zeitschrift der TU Magdeburg, 36(1992)1, S. 76-87

[130] Dumke, R.: *Softwaremetriken.* Forschungsbericht, TU Magdeburg, Juli 1988

[131] Dumke, R.; Ziehm, W.: *Software Measurement in Data Base Systems.* Internationales Datenbanbkseminar, TH Magdeburg, Vortrag, Januar 1986

[132] Duncon, A.S.: *Software Development Productivity Tools and Metrics.* Proceedings of the 10th International Confenrence on Software Engineering, April 11-15, Singapore, 1988, S. 41-48

[133] Ehrenberger, W.: *Was ist sichere Software ?* Elektronische Rechenanlagen, 25(1983)1, S. 27-32

[134] Ehrlich, W.K.; Stampfel, J.P.; Wu, J.R.: *Application of Software Reliability Modeling to Product Quality and Test Process.* Proceedings of the 12th International Conference on Software Engineering, March 26-30, Nice, France, 1990, S. 108-116

[135] Ejiogu, L.O.: *Beyond Structured Programming: An Introduction to the Principles of Applied Software Metrics.* Structured Programming, (1990) 11, S. 27-43

[136] Elshoff, J.L.: *A Numerical Profile of Commercial PL/I Programs.* Software – Practice and Experience, 6(1976), S. 505-525

[137] Elshoff, J.L.: *Characteristic Program Complexity Measures.* IEEE Proceedings of the 7th International Conference on Software Engineering, March 26-29, 1984 Orlando, Florida, S. 288-293

[138] Emerson, T.J.: *A Discriminant Metric for Module Cohesion.* Proceedings of the 7th International Conference on Software Engineering, Orlando, Florida, Match 1984, S. 294-303

[139] Emerson, T.J.: *Program Testing, Path Coverage, and the Cohesion Metric.* IEEE COMPSAC, 1984, S. 421-431

[140] Esterling, B.: *Software Manpower Costs: A Model.* Datamation, March 1980, S. 164-170

[141] Evangelist, W.M.: *Software Copmplexity Metric Sensitivity to Program Structuring Rules.* The Journal of Systems and Software, 3(1983), S. 231-243

[142] Fagan, M.E.: *Inspecting Software Design and Code.* Datamation, October 1977, S. 133-144

[143] Faidhi, J.A.W.; Robinson, S.K.: *Programmer Experience-Level Indicators.* The Computer Journal, 30(1987)1, S. 52-62

[144] Farbey, B.: *Software quality metrics: considerations about requirements and requirement specification.* Information and Software Technology, 32(1990)1, S. 60-64

[145] Fenick, S.: *Implementing Management Metrics: An Army Program.* IEEE Software, March 1990, S. 65-73

[146] Fenton, N.E.: *Software Metrics – A Rigorous Approach.* Chapman & Hall, London, 1991

[147] Fenton, N.E.; Kaposi, A.A.: *Metrics and Software Structure.* Information and Software Technology, 29(1987)6, S. 301-320

[148] Fenton, N.; Melton, A.: *Deriving Structurally Based Software Measures.* The Journal of Systems and Software, 12 (1990), S. 177-187

[149] Fenton, N.E.; Whitty, R.W.: *Axiomatic approach to Software Metrication through Program Decomposition.* The Computer Journal, 29(1986)4, S. 330-339

[150] Finkelstein, L.; Leaning, M.S.: *A review of the fundamental concepts of measurement.* Measurement, 2(1984)1, S. 25-34

[151] Fitzsimmons, A.; Love, T.: *A Review And Evaluation Of Software Science.* Tutorial – Programming Productivity: Issues for the Eighties, IEEE Computer Society, ISBN 0-8186-0681-9, 1986, S. 45-60

[152] Fontaine; Neel,D.; Segot, J.: *Computer-Based Systems Quality: The MACSI Method.* Second European Conference on Software Quality Assurance, Conf.Proc., Oslo, 1990

[153] Foster, J.: *Program Lifetime: A Vital Statistic for Maintenance.* Proceedings of the Conference on Software Maintenance 1991, Sorrento, Italien, 15.-17. Oktober, S. 98-103

[154] Freeman, P.A.; Gaudel, M.: *Building a Foundation for the Future of Software Engineering.* Comm. of the ACM, 34(1991)5, S. 31-33

[155] Frühauf, K.; Ludewig, J.; Sandmayr, H.: *Software-Prüfung – eine Fibel.* Teubner Verlag, Stuttgart, 1991

[156] Gaffney, J.E.: *The Impact on Software Development Costs of Using HOL's.* IEEE Transactions on Software Engineering, 12(1986)3, S. 496-499

[157] Gannon, J.D.; Katz, E.E.; Basili, V.R.: *Metrics for ADA Packages: An Initial Study.* Comm. of the ACM, 29(1986)7, S. 616-623

[158] Gilb, T.: *Software Metrics.* Winthrop Publishers, Inc. 1977

[159] Gordon, R.D.: *A Qualitative Justification for a Measure of Program Clarity.* IEEE Transactions on Software Engineering, 5(1979)2, S. 121-128

[160] Grady, R.B.: *Work-Product Analysis: The Philosopher's Stone of Software?* IEEE Software, March 1990, S. 26-35

[161] Grady, R.B.; Caswell, D.L.: *Software Metrics: Establishing a Company-Wide Program.* Prentice-Hall Inc., New Jersey, 1987

[162] Grimm, E.: *Korrelation zwischen Softwarekomplexitätsmaßen.* Diplomarbeit, TU Berlin/TU Magdeburg, 1991

[163] Gröner, U.: *Qualitätssicherung: Von CAQ zu CIQ.* Computer-Magazin, (1990) 10, S. 32-43

[164] Grogono, P.; Preece, A.; Shinghal, R., Suen, C.Y.: *Techniques for Evaluating Expert Systems in Telecommunications.* Quality Engineering Workshop, Ottawa, 16.-17. Oktober, 1991

[165] Gustafson, G.G.; Kerr, R.J.: *Some Practical Experience with a Software Quality Assurance Program.* Comm. of the ACM, 25(1982)1, S. 4-12

[166] Hall, N.R.; Preiser, S.: *Combined Network Complexity Measures.* IBM Journal of Research and Development, 28(1984)1, S. 15-27

[167] Hall, N.R.; Preiser, S.: *Dynamic Complexity Measures for Software Design.* IEEE Computer, (1983), S. 57-66

[168] Halstead, M.H.: *Elements of Software Science.* Prentice-Hall, New York, 1977

[169] Hamer, P. G.; Frewin, G.D.: *M.H. Halstead's Software Science – A Critical Examination.* Proceedings of the 6the International Conference on Software Engineering, Sept. 13-16, 1982, Tokyo, Japan, S. 197-206

[170] Hamilton, M.; Zeldin, S.: *Higher Order Software - A Methodology for Defining Software.* IEEE Transactions on Software Engineering, 2(1976)1, S. 9-32

[171] Hansen, W.J.: *Measurement of Program Complexity by the Pair.* SIGPLAN Notices, 13(1978)3, S. 29-33

[172] Harrison, W.: *Bibliography on Software Complexity Metrics.* SIGPLAN Notices, 19(1984)2, S. 17-27

[173] Harrison, W.; Cook, C.R.: *A Micro/Macro Measure of Software Complexity.* The Journal of Systems and Software, 7 (1987), S. 213-219

[174] Harrison, W.; Cook, C.R.: *A Note on the Berry-Meekings Style Metric.* Comm. of the ACM, 29(1986)2, S. 123-125

[175] Harrison, W.; Magel, K.; Kluczny, R.; DeKock, A.: *Applying Software Complexity Metrics to Program Maintenance.* IEEE Computer, (1982)9, S. 65-79

[176] Hausen, H.L.; Müllerburg, M.; Schmidt, M.: *Examination, Measurement and Assessment of Software Products and Projects.* Proceedings 1st International Congress of the EOQC, June 1987

[177] Hecht, M.S.: *Flow Analysis of Computer Programs.* Elsevier, New York, 1977

[178] Hegewald, H.; Seibt, A.: *Ein Software-Bewertungsprogramm.* Studienarbeit, TU Magdeburg, 1988

[179] Hegewald, H.; Seibt, A.: *Untersuchungen zur Halstead-Metrik.* Studienarbeit, TU Magdeburg, 1987

[180] Heitkoetter, U.; Helling, B.; Nolte, H.; Kelly, M.: *Design metrics and aids to their automation collection.* Information and Software Technology, 32(1990)1, S. 79-87

[181] Henry, S.; Kafura, D.: *Software Structure Metrics Based on Information Flow.* IEEE Transactions on Software Engineering, 7(1981)5, S. 510-518

[182] Henry, S,; Kafura, D.: *The Evaluation of Software Systems' Structure Using Quantitative Software Metrics.* Software – Practice and Experience, 14(1984)6, S. 561-573

[183] Henry, S.; Selig, C.: *Predicting Source-Code Complexity at the Design Stage.* IEEE Software, March 1990, S. 36-44

[184] Hesse, W.; Keutgen, H.; Luft, A.L.; Rombach, H.D.: *Ein Begriffssystem für die Softwaretechnik.* Informatik-Spektrum, (1984)7, S. 200-213

[185] Hirayama, M.; Sato, H.; Yamada, A.: *Practice of quality modeling and measurement on software life-cycle.* Proceedings of the 12th International Conference on Software Engineering, March 26-30, Nice, France, 1990, S. 98-107

[186] Höcker, H.; Itzfeldt, W.D.; Schmidt, M.; Timm, M.: *Comparative Descriptions of Software Quality Measures.* GMD-Studien Nr. 81, Birlinghoven, 1984

[187] Honda, N.; Mano, T.; Hirai, Y.: *Quality Assurance System throughout Software Life Cycle.* Second European Conference on Software Quality Assurance, Conf.Proc., Oslo, 1990

[188] Howden, W.E.: *Functional Program Testing.* IEEE Transactions on Software Engineering, 6(1980)2, S. 162-169

[189] HP CASEdge/Tools – *Katalog für Systementwickler.* München 1990

[190] Hruschka, P. : *Structured Analysis auf dem Weg zum De-facto-Standard.* Informatik-Berichte 273, Requirements Engineering'91, Springer Verlag, 1991, S. 1-13

[191] Humblot, D.: *Manuel Qualite des Etudes.* Réseaux et systèmes d'information, Bull, 1990

[192] IEEE Guide for *Software Quality Assurance Planning.* IEEE Std 983-1986, New York, January 1986

[193] IEEE Guide for the Use of IEEE Standard *Dictionary of Measures to Produce Reliable Software.* IEEE Std 982.2-1988, New York, June 1989

[194] IEEE Standard *Dictionary of Measures to Produce Reliable Software.* IEEE Std 982.1-1988, New York, April 1989

[195] IEEE Standard for *Software Test Documentation.* IEEE Std 829-1983, New York, February 1983

[196] Illner, S.; Münster, R.: *Ein Programm zur rechnergestützten Bestimmung der Stetter-Maßzahlen für Turbo-Pascal-Programme.* Studienarbeit, TU Magdeburg, 1990

[197] Ince, D.: *Software metrics: introduction.* Information and Software Technology, 32(1990)4, S. 297-303

[198] Itzfeldt, W.D.: *Methodische Anforderungen an Software-Kennzahlen.* Angewandte Informatik, 25(1983)2, S. 55-61

[199] Itzfeldt, W.D.; Schmidt, M.; Timm, M.: *Spezifikation von Verfahren zur Validierung von Software-Qualitätsmaßen.* Angewandte Informatik, 26(1984)1, S. 12-21

[200] Itzfeldt, W.D.; Timm, M.: *Beschreibungssystematik für Maße der Software-Qualität.* Angewandte Informatik, 25(1983)7, S. 273-281

[201] Jannasch, H.:*Untersuchung von Software-Metriken auf ihre Anwendbarkeit zur Bewertung der Softwarequalität.* Proceedings vom Workshop „Rechnergestützte Softwarebewertung", TU Magdeburg, Oktober 1990, S. 43-49

[202] Jannasch, H.: *Zur Bewertung der Qualität von Anwendersoftware mittels Software-Metriken in den Phasen des Lebenszyklus unter Nutzung von Werkzeugen.* Diss. A, Berlin 1991

[203] Jeffery, D.R.: *Time-Sensitive Cost Models in the Commercial MIS Environment.* IEEE Transactions on Software Engineering, 13(1987)7, S. 852-859

[204] Jensen, H.A.; Vairavan, K.: *An Experimental Study of Software Metrics for Real-Time Software.* IEEE Transactions on Software Engineering, 11(1985)2, S. 231-234

[205] Joh, F.: *Enabling Software Quality Through Total Quality Management, Process Improvement, and Technology Insertion.* Proceedings of the International Software Quality Conference, Dayton, Ohio, 7.-9. Oktober, 1991, S. 152-157

[206] Jones, C.: *Applied Software Measurement.* McGraw-Hill, Inc. 1991

[207] Jones, T.C.: *Measuring programming quality and productivity.* Tutorial – Programming Productivity: Issues for the Eighties, IEEE Computer Society, ISBN 0-8186-0681-9, 1986, S. 10-34

[208] Joy, M.; Axford, T.: *A Standard for a Graph Representation for Functional Programs.* SIGPLAN Notices, 23(1988)1, S. 75-82

[209] Kafura, D.; Canning, J.: *A Validation of Software Metrics Using Many Metrics and Two Resources.* Proceedings of the 8th International Conference on Software Engineering, August 28-30, London, 1985, S. 378-385

[210] Kafura, D.; Henry, S.: *Software Quality Metrics Based on Interconnectivity.* The Journal of Systems and Software, 2 (1982), S. 121-131

[211] Kafura, D.; Reddy, G.R.: *The Use of Software Complexity Metrics in Software Maintenance.* IEEE Transactions on Software Engineering, 13(1987)3, S. 335-343

[212] Kearney, J.K. u.a.: *Software Complexity Measurement.* Comm. of the ACM, 29(1986)11, S. 1044-1050

[213] Keller-McNulty, S.; McNulty, M.S.; Gustafson, D.A.: *Stochastic Models for Software Science.* The Journal of Systems and Software, 12 (1990), S. 59-68

[214] Kemerer, C.F.: *An Empirical Validation of Software Cost Estimation Models.* Comm. of the ACM, 30(1987)5, S. 416-4429

[215] Keutgen, H.: *Eine Metrik zur Bewertung der Modularisierung.* Lecture Notes on Computer Science 50, Springer Verlag, Berlin Heidelberg New York, 1981

[216] Kitchenham, B.A.; Linkman, S.J.: *Design metrics in practice.* Information and Software Technology, 32(1990)4, S. 304-310

[217] Kitchenham, B.A.; Taylor, N.R.: *Software Project Development Cost Estimation.* The Journal of Systems and Software, 5 (1985), S. 267-278

[218] Kneffel, I.: *Analyse des Software-Bestandes eines Großunternehmens und Versuch der Ableitung des Ersatzbedarfes.* Diplomarbeit, TU Magdeburg, 1992

[219] Knöll, H.-D.; Suk, W.: *Ein Modell der benutzerorientierten Qualitätssicherung für Ist-Zustandsbeschreibung und Anforderungsspezifikation von kommerziellen Anwendungssystemen.* Informatik - Forschung und Entwicklung, (1991)6, S. 28-35

[220] Knuth, D.E.: *An empirical study of FORTRAN programs.* Software – Practice and Experience, 1(1971)1, S. 105-133

[221] Konstam, A.H.; Wood, D.E.: *Software Science Applied to APL.* IEEE Transactions on Software Engineering, 11(1985)10, S. 994-1000

[222] Lanphar, R.: *Quantitative Process Management in Software Engineering, A Reconciliation Between Process and Product Views.* The Journal of Systems and Software, 12 (1990), S. 243-248

[223] Lassez, J.L.; Shepherd, K.J.; Lassez, C.: *A Critical Examination of Software Science.* The Journal of Systems and Software, (1981)2, S. 105-112

[224] Lawrence, M.J.: *Programming Methodology, Organizational Environment, and Programming Productivity.* The Journal of Systems and Software, 2 (1981), S. 257-269

[225] Leiste, H.: *Implementation des Prototyps eines Softwarebewertungsplatzes.* Diplomarbeit, TU Magdeburg, 1991

[226] Lew, K.S.; Dillon, T.S.; Forward, K.E.: *Software Complexity and its Impact on Software Reliability.* IEEE Transaction on Software Engineering, 14(1988)11, S. 1645-1655

[227] Li, H.F.; Cheung, W.K.: *An Empirical Study of Software Metrics.* IEEE Transactions on Software Engineering, 13(1987)6, S. 697-708

[228] Lind, R.K.; Vairavan, K.: *An Experimental Investigation of Software Metrics and Their Relationship to Software Development Effort.* IEEE Transactions on Software Engineering, 15(1989)5, S. 649-653

[229] Lipow, M.: *Number of Faults per Line Code.* IEEE Transactions on Software Engineering, 5(1979)2, S. 76-79

[230] Liu, L.; Horowitz, E.: *A Formal Model for Software Project Management.* IEEE Transactions on Software Engineering, 15(1989)10, S. 1280-1293

[231] LOGISCOPE: *Auszug Software-Quality-Report.* VERILOG, München, 1991

[232] Lohse, J.B.; Zweben, S.H.: *Experimental Evaluation of Software Design Principles: An Inverstigation into Effect of Module Coupling on System Modificaility.* The Journal of Systems and Software, 4 (1984), S. 301-308

[233] Low, G.C.; Jeffery, D.R.: *Function Points in the Estimation and Evaluation of the Software Process.* IEEE Transactions on Software Engineering, 16(1990)1, S. 64-71

[234] Lucas, J.: *Ein Visualisierungswerkzeug für die Wartung modularer Programme.* Tagungsband der TOOL'91, Karlsruhe 1991, S. 411-422

[235] Ludewig, J.: *Modelle der Software-Entwicklung - Abbilder oder Vorbilder?* Softwaretechnik - Trends, 9(1989)3, S. 1-12

[236] Luise, R.: *The Evaluation of Source Program Quality Metrics.* Proceedings of the Second European Conference on Software Quality Assurance, Oslo, 1990

[237] Maes, R.: *A composed program complexity measure.* Angewandte Informatik, 27(1985)1, S. 9-16

[238] *Maintenance Tools.* IEEE Software, May 1990, S. 59-66

[239] Maiocchi, M.; Marchetti, B.; Pina, D.: *Software Quality, Risk and Costs: A Proposed Framework.* Proceedings of the Second European Conference on Software Quality Assurance, Oslo, 1990

[240] Malevris, N.; Yates, D.F.; Veevers A.: *Pedictive metric for likely feasibility of program paths.* Information and Software Technology, 32(1990)2, S. 115-118

[241] Markusz, Z.; Kaposi, A.A.: *Complexity Control in Logic-based Programming.* The Computer Journal, 28(1985)5, S. 487-495

[242] Marwane, R.; Mili, A.: *Building tailor-made software cost model: Intermediate TUCOMO.* Information and Software Technology, 33(1991)3, S. 232-238

[243] Mathes, W.: *CASE und Software-Qualitätssicherung.* Tagungsband der TOOL'91, Karlsruhe, November 1991, S. 291-296

[244] Matschos, M.; Neumann, K.: *Ein Programm zur Bestimmung der McCabe-Komplexität für SMALLTALK-Methoden.* Studienarbeit, TU Magdeburg, 1991

[245] Matwin, S.; Missala, M.: *A Simple, Machine Independent Tool for Obtaining Rough Measures of PASCAL Programs.* SIGPLAN Notices, 11(1976)8, S. 42-45

[246] Mayrhauser, A. von: *Software Engineering – Methods and Management.* Academic Press. Inc., San Diego, 1990

[247] McCabe, T.J.: *A Complexity Measure.* IEEE Transactions on Software Engineering, 2(1976)4, S. 308-320

[248] McCabe, T.J.; Butler, C.W.: *Design Complexity Measurement and Testing.* Comm. of the ACM, 32(1989)12, S. 1415-1425

[249] Mehndiratta, B.; Grover, P.S.: *Software Metrics – An Experimental Analysis.* SIGPLAN Notices, 25(1990)2, S. 35-41

[250] Melhart, B.E.: *A Continuum of Formal Methods for Specification of Quality Software.* Proceedings of the International Software Quality Conference, Dayton, Ohio, 1991, S. 66-71

[251] Mennert, A.: *Measuring Control Flow Complexity for Software Development.* Technical Report, Siemens, Princeton, New Jersey, 1991

[252] Meyer, B.: *Object-Oriented Software Construction.* Prentice Hall Inc., New York u.a., 1988 (deutsch: Carl Hanser Verlag, München Wien, 1990)

[253] MHB: *Methodenhandbuch zur Erstellung von Systemsoftware.* SNI, Paderborn, September 1990

[254] Mills, H.D.; Basili, V.R.; Gannon, J.D.; Hamlet, R.G.: *Mathematical Principles for the First Course in Software Engineering.* IEEE Transactions on Software Engineering, 15(1989)5, S. 550-559

[255] Mills, H.D.; Dyson, P.B.: *Using Metrics Quantify Development.* IEEE Software, March 1990, S. 14-16

[256] Miluk, G.: *Introduction to Function Points.* Proceedings of the International Software Quality Conference, Dayton, Ohio, 1991, S. 89-94

[257] Miluk, G.: *Software Kinetics – Developing a Process for Software Process Improvement.* Proceedings of the International Software Quality Conference, Dayton, Ohio, 1991, S. 56-65

[258] Mitchell, J.; Urban, J.E.; McDonald, R.: *The Effect of Abstract Data Types on Program Development.* IEEE Computer, August 1987, S. 85-88

[259] Miyazaki, Y.; Mori, K.: *COCOMO Evaluation and Tailoring.* Proceedings of the 8th Conference on Software Engineering, August 28-30, London, 1985, S. 292-299

[260] Miyazaki, Y,; Murakami, N.: *Software Metrics Using Deviation Value.* Proceedings of the 9th International Confenrence on Software Engineering, March 30 - April 2, Monterey, 1987, S. 83-91

[261] Möller, K.: *Fehlerprognose für Softwareprodukte bei evolutionärer Weiterentwicklung in einer Versionsfolge.* Informationstechnik, München, 31(1989)4, S. 260-265

[262] Möller, K.-H-: *Neuere Trends in der Qualitätssicherung von Software mit großen Einsatzstückzahlen aus Herstellersicht.* Softwaretechnik-Trends, 7-1 (1987), S. 26-39

[263] Moore, A.P.: *The Specification and Verified Decomposition of System Requirements Using CSP.* IEEE Transactions on Software Engineering, 16(1990)9, S. 932-948

[264] Müller, H.A.: *Verifying Software Quality Criteria Using an Interactive Graph Editor.* Victoria University, DCS-139-IR, 1990

[265] Müller, S.: *Untersuchungen zur tool-gestützten Einbindung von Software-Metriken in CASE-Tools.* Diplomarbeit, TU Magdeburg, 1992

[266] Müller, H.A.; Möhr, J.R.: McDaniel, J.G.: *Applying Software Reengineering Techniques to Health Information Systems.* University of Victoria, Canada, DCS-138-IR, July 1990

[267] Müllerburg, M.: *Fundamental Concepts of Software Testing.* GMD, Birlinghoven, März 1991

[268] Müllerburg, M.: *Software Testing: A Stepwise Process.* Proceedings of the Second European Conference on Software Quality Assurance, Oslo, 1990

[269] Müllerburg, M.; Meyerhoff, D.; Flacke, S.: *Enhancing Accessability of Metrics Knowledge.* Proceedings of the EUROMETRICS'91, March 1991

[270] Munson, J.B.: *Software Maintainability: A Practical Concern for Life-Cycle Costs.* IEEE Computer, November 1981, S. 103-109

[271] Munson, J.C.; Khoshgoftaar, T.M.: *Applications of a Relative Complexity Metric for Software Project Management.* The Journal of Systems and Software, 12 (1990), S. 283-291

[272] Musa, J.D.: *A Theory of Software Reliability and Its Application.* IEEE Transactions on Software Engineering, 1(1975)3, S. 312-327

[273] Musa, J.D.; Ackerman, A.F.: *Quantifying Software Validation: When to Stop Testing?* IEEE Software, May 1989, S. 19-27

[274] Musa, J.D.; Iannino, A.; Okumoto, K.: *Software Reliability - Measurement, Prediction, Application.* McGraw-Hill International Editions, 1987

[275] Myers, G.J.: *A Controlled Experiment in Program Testing and Code Walkthroughs/Inspections.* Comm. of the ACM, 21(1978)9, S. 760-768

[276] Myers, G.J.: *An Extension to the Cyclomatic Measure of Program Complexity.* SIGPLAN Notices, 12(1977)10, S. 61-64

[277] Myrvold, A.: *Data Analysis for Software Metrics.* The Journal of Systems and Software, 12 (1990), S. 271-274

[278] Natale, D.: *On the Impact Metrics' Application in a Large Scale Software Maintenance Environment.* Proceedings of the Conference on Software Maintenance 1991, Sorrento, Italien, 15.-17. Oktober, S. 114-118

[279] Navlakha, J.K.: *A Survey of System Complexity Metrics.* The Computer Journal, 39(1987)3, S. 233-238

[280] Nejmeh, B.A.: *NPATH: A Measure of Execution Path Complexity and Its Applications.* Comm. of the ACM, 31(1988)2, S. 188-200

[281] Neumann, K.: *Konzeption und Prototyplösung von Tools zur Qualitätsbewertung eines objektorientierten Software-Entwurfs.* Studienarbeit, TU Dresden / TU Magdeburg, Januar 1991

[282] Neumann, K. : *Implementation von Software-Metriken im objektorientierten Software-Entwurfssystem SMALLTALK.* Diplomarbeit, TU Magdeburg, 1992

[283] Neumann, K.; Zimmermann, R.: *Anwendung der Stetter-Metrik auf ausgewählte Programme.* Studienarbeit, TU Magdeburg, 1988

[284] Nivoix, J.: *SQA in a changing environment.* Proceedings vom Workshop „Rechnergestützte Softwarebewertung", TU Magdeburg, Oktober 1990

[285] Oman, P.W.; Cook, C.R.: *Design and Code Tracebility Using a PDL Metrics Tool.* The Journal of Systems and Software, 12 (1990), S. 189-198

[286] Ostrand, T.J.; Weyuker, E.J.: *Collecting and Categorizing Software Error Data in an Industrial Environment.* The Journal of Systems and Software, 4 (1984), S. 289-300

[287] Ottenstein, L.M.: *Quantitative Estimates of Debugging Requirements.* IEEE Transactions on Software Engineering, 5(1979)5, S. 504-514

[288] Pantke, A.: *Ein Progamm zur Textanalyse in ICON.* Studienarbeit, TU Magdeburg, 1991

[289] Parr, F.N.: *An Alternative to the Rayleigh Curve Model for Software Development Effort.* IEEE Transactions on Software Engineering, 6(1980)3, S. 291-296

[290] Payne, J.E.: *Experiences in Measuring Software Quality.* Proceedings of the International Software Quality Conference, Dayton, Ohio, 1991, S. 164-168

[291] Pederson, J.T.; Buckle, J.K.: *Kongsberg's Road to an Industrial Software Methodology.* IEEE Transactions on Software Engineering, 4(1978)4, S. 263-269

[292] Penzel, H.: *A Strategy Leading to a Cost Oriented Information Management of Maintenance.* in: Thurner, R.: Reengineering – Ein integrales Wartungskonzept zum Schutz von Software-Investitionen, AIT Verlag, 1991, S. 223-248

[293] *Performance Tools.* IEEE Software, May 1990, S.21-30

[294] Perlis, A.; Sayward, F.; Shaw, M.: *Software Merics: An Analysis and Evaluation.* The MIT Press, 1983

[295] Petrova, E.; Veevers, A.: *Role of non-stachastic-based metrics in quantification of software reliability.* Information and Software Technology, 32(1990)1, S. 71-78

[296] Pfleeger, S.L.; McGowan, C.: *Software Metrics in the Process Maturity Framework.* The Journal of Systems and Software, 12 (1990), S. 255-261

[297] Piwowarski, P.: *A Nesting Level Complexity Measure.* SIGPLAN Notices, 17(1982)9, S. 44-50

[298] Poore, J.H.: *Derivation of Local Software Quality Metrics (Software Quality Circles).* Software – Practice and Experience, 18(1988)11, S. 1017-1027

[299] Porter, A.A.; Selby, R.W.: *Evaluating Techniques for Generating Metric-based Classification Trees.* The Journal of Systems and Software, 12 (1990), S. 209-218

[300] Prather, R.E.: *An Axiomatic Theory of Software Complexity Measure.* The Computer Journal, 27(1984)4, S. 340-347

[301] Preuss, T.; Werthmann, T.: *Rechnergestützte Berechnung der Halstead-Maße für Turbo-Pascal-Programme.* Studienarbeit, TU Magdeburg, 1990

[302] Prieto-Diaz, R.: *Implementing Faceted Classification for Software Reuse.* Comm. of the ACM, 34(1991)5, S. 88-97

[303] Putnam, L.H.: *A General Empirical Solution to the Macro Software Sizing and Estimating Problem.* IEEE Transactions on Software Engineering, 4(1978)4, S. 345-361

[304] QUALIGRAPH - *An Automated Tool for Software Quality Control & Graphic Documentation* - General Information Manual, Szki, Budapest, 1989

[305] Ramamoorthy, C.V.; Garg, V.; Prakash, A.: *Programing in the Large.* IEEE Transactions on Software Engineering, 12(1986)7, S. 769-783

[306] Ramamoorthy, C.V.; Prakash, A.; Tsai, W.; Usuda, Y.: *Software Engineering: Problems and Perspectives.* IEEE Computer, Oct. 1984, S. 191-209

[307] Ramamoorthy, C.V.; Tsai, W., Yamaura, T.; Bhide A.: *Metrics Guided Methodology.* COMPSAC 85, S. 111-120

[308] Ramamurthy, B.; Melton, A.: *A Synthesis of Software Science Measures and the Cyclomatic Number.* IEEE Transactions on Software Engineering, 14(1988)8, S. 1116-1121

[309] Redish, K.A.; Smyth, W.F.: *Evaluating Measures of Program Quality.* The Computer Journal, 30(1987)3, S. 228-232

[310] Redish, K.A.; Smyth, W.F.: *Program Style Analysis: A Natural By-Product of Program Compilation.* Comm. of the ACM, 29(1986)2, S. 126-133

[311] Redmill, F.J.: *Considering quality in the management of software-based development projects.* Information and Software Technology, 32(1990)1, S. 18-22

[312] Reibman, A.L.; Veeraraghavan, M.: *Reliability Modeling: An Overview for System Designers.* IEEE Computer, April 1991, S. 49-57

[313] Rendelmann, T.; Vaak, S.: *Berechnung der McCabe-Momplexität für Quellprogramme mit vorgebbarer Syntaxbeschreibung.* Studienarbeit, TU Magdeburg, 1990

[314] Reynolds, R.G.: *Metric-based reasoning about pseudocode design in the partial metric system.* The Journal of Systems and Software, 27(1987)9, S. 497-502

[315] Reynolds, R.G.: *Metrics to Measure the Complexity of Partial Programs.* The Journal of Systems and Software, (1984)4, S. 75-91

[316] Reynolds, R.G.: *PMS: An Inference System to Monitor the Stepwise Refinement of ADA Pseudocode.* IEEE Expert 1, 4(Winter 1986), S. 43-49

[317] Reynolds, R.G.: *The partial metrics system: modeling stepwise refinement process using partial metrics.* Comm. of the ACM, 30(1987)11, S. 956-963

[318] Richter, S.: *Untersuchungen zur Anwendbarkeit von Software-Metriken bei der Software-Entwicklung für Kommunikationssysteme.* Diplomarbeit, TU Magdeburg, 1992

[319] Ripley, G.D.; Griswold, R.E.: *Tools for the Measurement of Snobol4 Programs.* SIGPLAN Notices, 10(1975)5, S. 36-52

[320] Robillard, P.N.; Coupal, D.; Coallier, F.: *Profiling Software Through the Use of Metrics.* Quality Engineering Workshop, Ottawa, 16.-17. Oktober, 1991

[321] Robillard, P.N.; Coupal, D.; Mayrand, J.: *Software Evaluation Based on Static Metrics.* Bell Canada Quality Engineering Workshop, Montreal, 4.-5. Oktober, 1990

[322] Robinson, S.K.; Torsun, I.S.: *An empirical analysis of FORTRAN programs.* The Computer Journal, 19(1976)1, S. 56-62

[323] Rocacher, D.: *Metrics Definition for Smalltalk.* ESPRIT Project 1257 MUSE Q/R, CRIL, Puteaux, 1988

[324] Rocacher, D.: *Smalltalk Measure Analysis Manual.* ESPRIT Project 1257 MUSE WP9A, CRIL, Rennes, 1989

[325] Rombach, H.D.: *A Controlled Experiment on the Impact of Software Structure on Maintainability.* IEEE Transcations on Software Engineering, 13(1987)3, S. 344-354

[326] Rombach, H.D.: *Design Measurement: Some Lessons Learned.* IEEE Software, March 1990, S. 17-25

[327] Rombach, H.D.: *Quantitative Bewertung von Software-Qualitäts-Merkmalen auf der Basis struktureller Kenngrößen.* Dissertation, Universität Kaiserslautern, 1984

[328] Rubin, H.A.: *Macro-Estimation of Software Development Parameters: The ESTIMACS System.* Proceedings of the 4th Conference of Software Engineering, 1979, S. 109-118

[329] Russell, M.: *International Survey of Software Measurement Education and Training.* The Journal of Systems and Software, 12 (1990), S. 233-241

[330] Ryder, B.G.: *Constructing the Call Graph of a Program.* IEEE Transactions on Software Engineering, 5(1979)3, S, 216-226

[331] Saal, H.J.; Weiss, Z.: *An Empirical Study of APL Programs.* Computer Languages, 2(1977), S. 47-49

[332] Salvadori, A.; Gordon, J.; Capstick, C.: *Static Profile of COBOL Programs.* SIGPLAN Notices, (1975) August, S. 20-33

[333] Samadzadeh-Hadidi, M.: *Measurable Characteristics of the Software Development Process Based on a Model of Software Comprehension.* Dissertation, University of Southwestern Louisiana, 1987

[334] Sammet, J.E.; Ralston, A.: *The New (1982) Computing Reviews Classification System – Final Version.* Comm. of the ACM, 25(1982)1, S. 13-25

[335] Schaefer, H.: *Inspection Handbook for Computer Program Development Projects.* Report No. 84 01 41-9, Oslo, July 1984

[336] Schaefer, H.: *International Standard for Software Quality Assurance.* Proceedings vom Workshop „Rechnergestützte Softwarebewertung", TU Magdeburg, Oktober 1990, S. 64-73

[337] Schaefer, H.: *Organisation und Leitung des Testens von Software.* Tutorium-Heft, Schweizerische Arbeitsgemeinschaft für Qualitätsförderung, Zürich, September 1991

[338] Schaefer, H.: *Software Quality Assurance in the Maintenance Phase.* Second European Conference on Software Quality Assurance, Conf.Proc., Oslo, 1990

[339] Scheibl, H.-J.: *Kommerzielle Software-Entwicklung.* expert Verlag, Böblingen, 1989

[340] Schneider, K.: *Systematische Evaluierung von CASE-Tools.* Tagungsband der Tool'91, Karlsruhe 1991, S. 263-278

[341] Schmitt, I.; Wettrau, D.: *Rechnergestützte Bestimmung der Halstead-Maße für Quellprogramme mit vorgebbarer Syntaxbeschreibung.* Studienarbeit, TU Magdeburg, 1990

[342] Schroeder, A.: *Integrated Program Measurement and Documentation Tools.* Proceedings of the 7th International Conference on Software Engineering, Orlando, Florida, March 1984, S. 304-313

[343] Shatz, S.M.: *Towards Complexity Metrics for Ada Tasking.* IEEE Transactions on Software Engineering, 14(1988)8, S. 1122-1127

[344] Shaughnessy, E.P.: *Measuring the Quality of Software.* Proceedings of the International Software Quality Conference, Dayton, Ohio, 1991, S. 38-42

[345] Shaw, W.H.; Howatt, J.W.; Maness, R.S.; Miller, D.M.: *A Software Science Model of Compile Time.* IEEE Transactions on Software Engineering, 15(1989)5, S. 543-549

[346] Sheil, B.A.: *The Psychological Study of Programming.* Computing Surveys, 13(1981)1, S. 102-120

[347] Shen, V.Y.: *Using metrics in quality management.* IEEE Software, July 1990, S. 80-85

[348] Shen, V.Y.; Conte, S.D.; Dunsmore, H.E.: *Software Science Revisited: A Critical Analysis of the Theory and its Empirical Support.* IEEE Transactions on Software Engineering, 9(1983)2, S. 155-165

[349] Shen, V.Y.; Yu,T., Thebaut, S.M.; Paulsen, L.R.: *Identifying Error-Prone Software – An Empirical Study.* IEEE Transactions on Software Engineering, 11(1985)4, S. 317-324

[350] Shepperd, M.: *An evaluation of software product metrics.* Information and Software Technology, 30(1988)3, S. 177-188

[351] Shepperd, M.: *Early life-cycle metrics and software quality models.* Information and Software Technology, 32(1990)4, S. 311-316

[352] Shneiderman, B.: *Software Psychology.* Winthrop Publishers Inc., Massachusetts, 1980

[353] Siefert, D.M. : *Software Reliability Handbook.* Proceedings of the International Software Quality Conference, Dayton, Ohio, 1991, S. 184-189

[354] Silver, G.A.; Silver, M.L.: *System Analysis and Design.* Addison-Wesley Publishing Company, Inc. 1989

[355] Silverman, B.G.: *Software Cost and Productivity Improvements: An Analogical View.* IEEE Computer, May 1985, S. 86-95

[356] Sindermann, A.: *Entwurf und Implementation des Prototyps eines metrikbasierten Compilers.* Diplomarbeit, TU Magdeburg, 1991

[357] Smith, C.U.: *Performance Engineering of Software Systems.* Addison-Wesley, 1990

[358] Sneed, H.M.: *Sinn, Zweck und Mittel der dynamischen Programmanalyse.* Angewandte Informatik, 25(1983)8, S. 321-327

[359] Sneed, H.M.: *Software-Aufwandsschätzung mit DATA-POINTS.* Computer-Magazin, 11-12 (1991), S. 41-46

[360] Sneed, H.M.; Mérey, A.: *Automated Software Quality Assurance.* IEEE Transactions on Software Engineering, 11(1983)9, S. 909-916

[361] Software – Gütesicherung *RAL-GZ 901.* Gütegemeinschaft Software e.V., Frankfurt am Main, November 1985

[362] Stahlknecht, P.: *Der Einzug der Mathematik in die Software-Entwicklung.* Angewandte Informatik, 24(1982)2, S. 115-125

[363] Staknis, M.E.: *Software quality assurance through prototyping and automated testing.* Information and Software Technology, 32(1990)1, S. 26-33

[364] Stallbohm, U.: *Ein Beitrag zum Problem der Übertragbarkeit von Software.* Diss. A, TH Aachen, 1982

[365] Stetter, F.: *A Measure of Program Complexity.* Computer Languages, 9(1984)3/4, S. 203-208

[366] Stetter, F.: *Ein vereinfachtes Modell der Softwarewissenschaft.* Angewandte Informatik, 26(1984)4, S. 147-151

[367] Stetter, F.: *Estimates in software science.* Informatik Bericht Nr.31, Fernuniversität Hagen, 1983

[368] Stetter, F.: *Softwaretechnologie - eine Einführung.* BI Wissenschaftsverlag, Mannheim, Wien, Zürich, 4. Auflage, 1987

[369] Stöffler, K.: *Untersuchungen zu Software-Metriken für nichtprozedurale Programmiersprachen.* Diplomarbeit, TU Magdeburg, 1992

[370] Suilmann, M.: *Rechnergestützte Evaluierung von CASE-Tools.* Tagungsband der TOOL'91, Karlsruhe 1991, S. 351-358

[371] Sunazuka, T.; Azuma, M.; *Software Quality Assessment Technology.* Proceedings of the 8the International Confenrence on Software Engineering, 28.-30. August, London, 1985, S. 142-148

[372] Symons, C.R.: *Function Point Analyses: Difficulties and Improvements.* IEEE Transactions on Software Engineering, 14(1988)1, S. 2-11

[373] Szentes, J.; Jannasch, H.: *QUALIGRAPH - ein Werkzeug zur Softwarequalitätsmessung und grafischen Dokumentation von Software.* Proceedings vom Workshop „Rechnergestützte Softwarebewertung", TU Magdeburg, Oktober 1990, S. 80-82

[374] Tai, K.: *A Program Complexity Metric Based on Data Flow Information Control Graphs.* Proceedings of the 7th International Confenrence on Software Engineering, Oktober 1984, S. 239-248

[375] Tajima D.; Matsubara, T.: *The Computer Software Industry in Japan.* IEEE Computer, May 1991, S. 89-96

[376] The Digital *COHESION Environment for CASE.* Digital Press, 1990

[377] The Digital Guide to *Software Development.* Digital Press, 1989

[378] Thurner, R.: *Beherrschung des Technologie-Wechsels mit Reengineering.* in: Thurner, R.: Reenginieering – Ein integrales Wartungskonzept zum Schutz von Software-Investitionen, AIT Verlag, 1991, S. 11-20

[379] Tiedge, I.: *Erweiterung des Software-Bewertungsplatzes SVS zu einem Software-Meßplatz.* Diplomarbeit, TU Magdeburg, 1992

[380] Troy, D.A.; Zweben, S.H.: *Measuring the Quality of Structured Design.* The Journal of Systems and Software, (1981)2, S. 113-120

[381] Tsalidis, C.: Software Quality Measurement Tools. Athens Technology Center, Athen, 1991

[382] Tsalidis, C.: *The ATHENA Software Measurement Tool.* Proceedings vom Workshop „Rechnergestützte Softwarebewertung", TU Magdeburg, Oktober 1990, S. 83-109

[383] Tsalidis, C.;Christodoulakis, D.: *Composing Software Quality Tools with Software Quality Metrics.* Second European Conference on Software Quality Assurance, Conf.Proc., Oslo, 1990

[384] VanSuetendeal, N.; Elwell, D.: Software Quality Metrics. Technical Report, Atlantic City, New Jersey, Juli 1991

[385] Van Verth, P.B.: *A Program Complexity Model that Includes Procedures.* Buffalo, 1987

[386] Van Verth, P.B.: *Testing A Model of Program Quality.* SIGCSE Conference 1986, Cincinatti, Februar 1986, S. 163-170

[387] Verner, J.M.; Tate, G.: *A Model for Software Sizing.* The Journal of Software and Systems, 7 (1987), S. 173-177

[388] Vincent, J.; Waters, A.; Sinclair, J.: *Software Quality Assurance.* Vol. I u. II, Prentice Hall, New Jersey, 1988

[389] Voas, J.; Payne, J.; Miller, K.: *A Future Direction for Software Certification Testing Using Sensitivity Analysis.* Proceedings of the International Software Quality Conference, Dayton, Ohio, 1991, S. 202-207

[390] Vollmann, S.: *Aufwandsschätzung im Software Engineering.* IWT Verlag, München, 1990

[391] Wallmüller, E.: *Application and Experiences with Software Metrics.* Proceedings of the Second European Conference on Software Quality Assurance, Oslo, 1990

[392] Wallmüller, E.: *Aufbau einer Software-Qualitätssicherung in einer industriellen Umngebung.* Softwaretechnik-Trends, 7-1 (1987), S. 40-49

[393] Wallmüller, E.: *Software-Qualitätssicherung in der Praxis.* Carl-Hanser Verlag, München Wien, 1990

[394] Walston, C.E.; Felix, C.P.: *A method of programming measurement and estimation.* IBM System Journal, 1 (1977), S. 54-75

[395] Warburton, R.D.H.: *Managing and Predicting the Costs of Real-Time Software.* IEEE Transactions on Software Engineering, 9(1983)5, S. 562-569

[396] Weinberg, V.: *Structured Analysis.* Prentice-Hall Inc., 1980

[397] Werner, A.: *Ein pragmatischer Ansatz zur Beurteilung der Qualität von Softwareprodukten.* Angewandte Informatik, 25(1983)6, S. 242-251

[398] Weyuker, E.J.: *Evaluating Software Complexity Measures.* IEEE Transactions on Software Engineering, 14(1988)9, S. 1357-1365

[399] Whitty, R.; Bush, M.; Russell, M.: *METKIT and the ESPRIT Program.* The Journal of Systems and Software, 12 (1990), S. 219-2210

[400] Wise, S.: *Software evaluation - lessons from the GIS evaluation.* University Computing, (1991) 13, S. 16-20

[401] Woodfield, S.N.: *An4 Experiment on Unit Increase in Problem Complexity.* IEEE Transactions on Software Engineering, 5(1979)2, S. 76-79

[402] Woodfield, S.N.; Shen, V.Y.; Dunsmore, H.E.: *A Study of Several Metrics for Programming Effort.* The Journal of Systems and Software, (1981)2, S. 97-103

[403] Woodside, C.M.; Hagos, E.M.; Neron, E.; Buhr, R.J.A.: *The CAEDE Performance Analysis Tool.* Ada Letters, Spring, 11(1991)3, S. 125-136

[404] Woodward, M.R.; Hedley, M.A.; Hennell, M.A.: *Experience with Path Analysis and Testing of Programs.* IEEE Transactions on Software Engineering, 6(1980)3, S. 278-286

[405] Woodward, M.R.; Hennell, M.A.; Hedley, D.: *A Measure of Control Flow Complexity in Program Text.* IEEE Transactions on Software Engineering, 5(1979)1, S. 45-50

[406] Yamada, A.; Hirayama, M.; Sato, H.; Tsuda, J.: *Quantitative Analysis Method of Software Design Characteristics for Quality Improvement.* Second European Conference on Software Quality Assurance, Conf.Proc., Oslo, 1990

[407] Yau, S.S.; Chen, F.: *An Approach to Concurrent Control Flow Checking.* IEEE Transactions on Software Engineering, 6(1980)2, S. 126-137

[408] Yau, S.S.; Collofello, J.S.: *Design Stability Measures for Software Maintenance.* IEEE Transactions on Software Engineering, 11(1985)9, S. 849-856

[409] Yau, S.S.; Nicholl, R.A.; Tsai, J.J.; Liu, S.S.: *An Integrated Life-Cycle Model for Software Maintenance.* IEEE Transactions on Software Engineering, 14(1988)8, S. 1128-1144

[410] Youll, D.P.: *Making Software Development Visible.* John Wiley & Sons, 1990

[411] Zuse, H.: *Meßtheoretische Analyse von statischen Softwarekomplexitätsmaßen.* TU Berlin, Dissertation, 1985

[412] Zuse, H.: *METRICS.* User Manual, Hawthorne, April 1988

[413] Zuse, H.: *Properties of Software Metrics.* Proceedings of the International Software Quality Confenrence, Dayton, Ohio, 6.-9. Oktober, 1991, S. 12-18

[414] Zuse, H.: *Software Complexity - Measures and Methods.* De Gruyter Publisher, Berlin, New York, 1991

[415] Zuse, H.: *Software Complexity Measures.* Proceedings vom Workshop „Rechnergestützte Softwarebewertung", TU Magdeburg, Oktober 1990, S. 110-128

[416] Zuse, H.; Bollmann, P.: *Measurement Thoery and Software Measures.* in: Formal Aspects of Measurement. Proceedings of the International BCS-FACS Workshop, 3. May 1991, South Bank Polytechnic, London, UK, Will Appear in Spring 1992, Springer Publisher

[417] Zuse, H.; Bollmann, P.: *Using Measurement Theory to Describe the Properties and Scales of Static Software Complexity Metrics.* SIGPLAN Notices, 24(1989)8, S. 23-33

[418] Zweben, S.H.; Halstead, M.H.: *The Frequency Distribution of Operators in PL/I Programs.* IEEE Transactions on Software Engineering, 5(1979)2, S. 91-95

Sachwortverzeichnis